# 广东省中小河流治理工程
## 设计指南

黄本胜 黄锦林 王庆 钟伟强 等 编著

中国水利水电出版社
www.waterpub.com.cn
·北京·

## 内 容 提 要

为规范和指导广东省中小河流治理工程初步设计工作，科学规划工程布局，合理确定治理方案，规范主要设计内容，提高设计工作质量，特制定本指南。本指南共 17 章和 10 个附录，主要内容包括：总则、综合说明、水文、工程测量及地质勘察、工程任务和规模、工程布置及建筑物、机电及金属结构、施工组织设计、建设征地与移民安置、环境保护设计、水土保持设计、劳动安全与工业卫生、节能设计、工程管理设计、设计概算、经济评价、结论和建议。附录内容包括工程特性表、河道水面线计算、冲刷深度计算、稳定与沉降计算、堤防典型断面型式、常用生态护岸技术、水陂型式、水环境治理与水生态修复技术、水生植物选型及种植技术和滨水步道建设技术。

本指南贯彻落实了新时代生态文明建设思想，践行了绿水青山就是金山银山的理念，突出河流的水生态文明建设要求，可供其他地区借鉴和参考。

## 图书在版编目（ＣＩＰ）数据

广东省中小河流治理工程设计指南 / 黄本胜等编著
. -- 北京 : 中国水利水电出版社，2019.11
ISBN 978-7-5170-8186-9

Ⅰ. ①广… Ⅱ. ①黄… Ⅲ. ①河道整治－水利工程－工程设计－广东－指南 Ⅳ. ①TV882.865-62

中国版本图书馆CIP数据核字(2019)第253914号

审图号：GS（2019）6294 号

| 书 名 | 广东省中小河流治理工程设计指南<br>GUANGDONG SHENG ZHONG - XIAO HELIU ZHILI GONGCHENG SHEJI ZHINAN |
| --- | --- |
| 作 者 | 黄本胜 黄锦林 王庆 钟伟强 等 编著 |
| 出版发行 | 中国水利水电出版社<br>（北京市海淀区玉渊潭南路 1 号 D 座 100038）<br>网址：www.waterpub.com.cn<br>E-mail：sales@waterpub.com.cn<br>电话：(010) 68367658（营销中心） |
| 经 售 | 北京科水图书销售中心（零售）<br>电话：(010) 88383994、63202643、68545874<br>全国各地新华书店和相关出版物销售网点 |
| 排 版 | 中国水利水电出版社微机排版中心 |
| 印 刷 | 天津嘉恒印务有限公司 |
| 规 格 | 140mm×203mm 32 开本 5.5 印张 111 千字 |
| 版 次 | 2019 年 11 月第 1 版 2019 年 11 月第 1 次印刷 |
| 印 数 | 0001—2000 册 |
| 定 价 | **58.00 元** |

# 前言

按照《关于加强中小河流治理项目质量管理工作的意见》（水建管〔2014〕144号）和《关于进一步提高中小河流治理勘察设计工作质量的意见》（水规计〔2013〕495号）的要求，为规范和指导广东省中小河流治理工程初步设计工作，科学规划工程布局，合理确定治理方案，规范主要设计内容，提高设计工作质量，特制定本指南。本指南在《广东省山区中小河流治理工程设计指南》的基础上进行编制，编制组在充分征求使用单位意见和建议的情况下，修编完成本指南。

本指南按照《水利技术标准编写规定》（SL 1—2014）的要求，并参考《水利水电工程初步设计报告编制规程》（SL 619—2013）、《中小河流治理工程初步设计指导意见》（水规计〔2011〕277号）编制，共包括17章和10个附录。

本指南由广东省水利厅提出并归口管理，由广东省水利水电科学研究院负责具体技术内容的解释。本指南在执行过程中，请各单位注意总结经验，积累资料，随时将有关意见和建议反馈给广东省水利水电科学研究院（地址：广州市天河区天寿路116号；电话：020 -

38036683；邮政编码：510635)，以供今后修订时参考。

本指南主编单位：广东省水利水电科学研究院
广东省中小河流综合治理办公室
本指南参编单位：广东省水利水电技术中心
广东水科院勘测设计院
河口水利技术国家地方联合工程
实验室
广东省水动力学应用研究重点实
验室
广东省河口水利工程实验室
广东省山洪灾害防治工程技术研
究中心
广东省粤港澳大湾区水安全保障
工程技术研究中心
广东省岩土工程技术研究中心
广东省水利新材料与结构工程技
术研究中心
本指南主要起草人：黄本胜　黄锦林　王　庆
钟伟强　王立华　杜秀忠
倪培桐　洪昌红　唐造造
张　挺　谭　超　董　明
杨永民　郭　威　王　飞
邓　健　苗　青　刘　达
刘金涛　刘乐吟　吴杨熙
本指南主要审查人：邹振宇　朱　军　陈仲策
么振东　刘晓平

# 目次

前言

# 1

# 总　　则

1.0.1　为适应中小河流治理工程建设需要，科学规划工程布局，合理确定治理方案，规范主要设计内容和技术要求，制定本指南。

1.0.2　中小河流治理工程应在完成"清违清障"工作的基础上实施，项目直接进行初步设计报告编制，无需编制项目建议书和可行性研究报告。

1.0.3　本指南适用于流域面积为 $50\sim3000km^2$ 的中小河流治理工程初步设计，流域面积小于 $50km^2$ 的小河流治理工程可参照使用。

1.0.4　中小河流治理应贯彻落实习近平新时代生态文明建设思想，积极践行绿水青山就是金山银山的理念，统筹推进山水林田湖草系统治理，在保障防洪安全的前提下，突出河流的水生态文明建设要求，深入贯彻落实乡村振兴战略，推进河道治理与美丽乡村、万里碧道、乡村旅游及产业发展有机结合，统筹协调水污染防治与水环境治理，实施水岸同治，充分发挥中小河流治理综合效益。有条件的地区可结合河道治理开展水景观和水文化工程建设。

**1.0.5** 中小河流治理应遵循防洪减灾、岸固河畅、自然生态、安全经济、长效管护的治理原则，以整条河流为治理单元，按照"重灾易灾河流先行，先重点后一般"的原则分期分批推进实施，优先治理人口集中、洪水威胁大、洪涝灾害易发、保护对象重要、治理成效突出的河段。不同河段可根据保护对象和经济社会发展水平确定不同的防洪标准，并衔接好与其他治理河段的关系，防止风险转移。在河道治理的同时宜同步推进防洪非工程措施建设，提高流域综合防洪能力。

**1.0.6** 中小河流治理工程应按照防洪减灾、生态优先、绿色发展、因河施策的治理思路，在满足防洪安全的前提下，尊重河流自然属性，科学确定治理模式，维护河流健康生命，适应河道自然性、生态性、亲水性的要求，禁止裁弯取直，不得围河占滩，避免渠化河道，因地制宜，以人为本，充分体现人与自然和谐相处的治水理念，实现"河畅、水清、堤固、岸绿、景美"的治理目标。

**1.0.7** 中小河流治理工程应以河道整治、河势控导、水系连通、清淤疏浚、护岸护脚等措施为主，堤防和河道的设计断面应尽可能保持自然特性，护岸护坡宜采用天然材料和生态材料，注重与周边环境及生态景观相协调，营造亲水环境。应注重加强江河湖库水系连通，促进水体流动和水量交换。

**1.0.8** 中小河流治理工程初步设计应符合下列要求：

　　**1** 应以流域综合规划及专业规划为依据。

　　**2** 应加强基础资料的收集、整理和分析，根据工程规模和工程特点开展必要的现场调查和勘测等工作。

　　**3**　应兼顾干支流、上下游、左右岸利益，协调防洪、排涝、灌溉、供水、航运、水力发电、生态环境保护和文化景观等方面的关系。

　　**4**　应重视水文分析、河流冲淤演变及河势变化分析，加强整治河宽和堤距的分析论证，因地制宜，因势利导，尽量维持河道的自然形态，保持河势稳定及河道冲淤平衡。

　　**5**　应从技术可行性、实用性和先进性以及投资合理性和效益等方面对不同的治理方案进行比选，科学选择最优方案，充分发挥治理的综合效益。

　　**6**　在制定治理方案时，应充分考虑河流特性，统筹兼顾河流功能。山丘区河流洪水暴涨暴落，应加强护岸建设，不宜新建堤防，尽量减轻对生态环境影响；平原河网区河流应加强河道的清淤疏浚，畅通水系，保护湿地；城镇河流在确保防洪工程建设的基础上，可整合市政园林等各类建设资金，打造亲水走廊，使中小河流治理项目成为城镇环境的新亮点、休闲娱乐的好去处；乡村河流可结合拦蓄水工程，提高洪水资源化利用水平，增加农业灌溉用水，促进粮食增产，同时应改善水生态环境和乡容村貌。

　　**7**　应贯彻因地制宜、就地取材的原则，积极慎重地采用新技术、新工艺、新材料。在保障防洪安全的前提下，优先考虑生态治理措施，优先选择经济环保的建筑材料。

　　**8**　应优化施工组织设计方案，做好土方挖填平衡，减少弃渣占地，并根据加快中小河流治理的原则择优确定施工工期。

1.0.9  中小河流治理工程初步设计报告章节安排应按照本指南第 2 章～第 17 章的编制要求依次编排，其中"综合说明"列为第一章。报告文字应规范准确，内容应简明扼要，图纸应完整清晰。

1.0.10  中小河流治理工程初步设计报告的编制除应符合本指南规定外，尚应符合国家、行业及广东省现行有关规程、规范和标准的规定。

1.0.11  本指南主要参考下列标准：

    GB/T 15774  水土保持综合治理效益计算方法

    GB 18306  中国地震动峰值加速度区划图

    GB 50201  防洪标准

    GB 50286  堤防工程设计规范

    GB 50487  水利水电工程地质勘察规范

    GB50707  河道整治设计规范

    GB/T 51015  海堤工程设计规范

    SL 55  中小型水利水电工程地质勘察规范

    SL 72  水利建设项目经济评价规范

    SL 170  水闸工程管理设计规范

    SL 171  堤防工程管理设计规范

    SL 188  堤防工程地质勘察规程

    SL 206  已建防洪工程经济效益分析计算及评价规范

    SL 265  水闸设计规范

    SL 290  水利水电工程建设征地移民安置规划设计

规范

    SL 303   水利水电工程施工组织设计规范

    SL 328   水利水电工程设计工程量计算规定

    SL 440   水利水电工程建设农村移民安置规划设计

规范

    SL 442   水利水电工程建设征地移民实物调查规范

    SL 595   堤防工程养护修理规程

    SL 619   水利水电工程初步设计报告编制规程

    SL 654   水利水电工程合理使用年限及耐久性设计

规范

# 2

# 综合说明

**2.0.1** 绪言应简述以下内容：

**1** 简述工程地理位置、建设缘由、工程任务与规模。

**2** 简述工程实施方案批复情况、项目治理内容与实施方案的相符性、"清违清障"工作开展情况、主要勘察设计过程及各相关部门与地方达成的协议。

**2.0.2** 水文应简述工程所在流域自然地理概况，包括气象、水文、泥沙、水质等资料情况，说明主要特征值和分析计算成果。

**2.0.3** 工程地质应简述区域地质、工程区及建筑物场址的地质概况、主要工程地质问题及其结论性意见，天然建筑材料勘察的主要成果。

**2.0.4** 工程任务和规模应简述以下内容：

**1** 简述工程所在地区的经济社会概况及发展状况、项目对地区经济社会发展所发挥的作用。

**2** 简述工程任务、工程建设内容。

**3** 简述工程规模、水利计算成果及各项特征值。

**2.0.5** 工程布置及建筑物应简述以下内容：

**1** 方案比较与选择结论，工程总体布置方案。

**2** 各主要建筑物的规模、等级、标准、结构、型式、比选结论、布置等。

**2.0.6** 机电及金属结构应简述机电及主要金属结构选型、数量和布设。

**2.0.7** 施工组织设计应简述施工条件、料场选择、施工导截流方案、主要建筑物施工方法、主要场内外交通、施工总布置、总工程量及主要建筑材料用量、施工进度及总工期。

**2.0.8** 工程建设征地应简述工程建设征地及移民范围，实物指标调查的内容、方法和成果，工程建设征地补偿与安置概算。

**2.0.9** 环境保护设计应简述设计依据、主要环境保护措施设计、环境管理与监测、环境保护设计概算编制依据及投资。

**2.0.10** 水土保持设计应简述设计依据、主要水土保持措施布置和设计、监测与管理、水土保持设计概算编制依据及投资。

**2.0.11** 劳动安全与工业卫生应简述劳动安全和工业卫生的标准、存在的主要劳动安全与工业卫生问题及相应的防护措施设计。

**2.0.12** 节能设计应简述建设项目能源消耗种类、数量和能耗指标，主要节能措施和节能效益评价。

**2.0.13** 工程管理设计应简述工程管理原则、机构、办法、管理及保护范围、主要管理设施及工程管理费用来源。

**2.0.14** 设计概算应简述编制原则及依据、价格水平年和工程静态总投资、总投资及其投资构成。

**2.0.15** 经济评价应简述经济评价的主要成果及结论。

**2.0.16** 结论与建议应综述工程建设总的结论意见，并提出今后工作建议。

**2.0.17** 附件应包含以下内容：

    **1** 工程特性表（格式见附录）。

    **2** 流域水系及工程地理位置示意图。

    **3** 工程总布置图。

# 3

# 水　文

## 3.1　流　域　概　况

3.1.1　说明流域自然地理、河流特征等概况。

3.1.2　说明流域内已建和在建的主要水利水电工程名称、位置以及各工程的主要任务。

## 3.2　气　象　及　水　文

3.2.1　概述流域的气象特征和气象要素特征值。

3.2.2　说明流域内水文测站分布情况，设计依据站、参证站的流域特征值。

3.2.3　简述设计依据站、参证站的水文观测项目、观测年限和资料整编等情况。

3.2.4　明确工程设计采用或参考的水文站或雨量站资料系列，并分析资料的可靠性、一致性和代表性。

3.2.5　没有水文站或水位站的河道，可根据需要进行历史洪痕调查、水位测量等，供水面线计算使用。

## 3.3 洪　　水

**3.3.1** 概述流域暴雨特性、暴雨成因，说明洪水成因、洪水特性及其时空分布。

**3.3.2** 说明上游水利水电工程对洪水的影响，洪水系列的还原和插补延长情况。

**3.3.3** 中小河流治理应进行历史洪水调查，查清历史洪水发生情况，并结合历史洪水调查成果进行水文分析计算。

**3.3.4** 设计洪水计算应满足下列要求：

**1** 有实测流量资料时，应采用频率分析法、水文比拟法等方法进行计算，分析检查计算成果的合理性，确定工程场址、有关断面的洪水参数和成果。对已有规划设计成果的需整治河段，应对成果进行复核，并进行分析比较，合理确定采用的设计洪水成果。

**2** 无实测流量资料时，应由设计暴雨推求设计洪水。有实测雨量资料时，应对雨量系列资料进行分析，并与根据《广东省暴雨参数等值线图》查取的暴雨参数进行分析比较，确定点、面设计暴雨；无实测雨量资料时，可根据《广东省暴雨参数等值线图》（2003 年）和《广东省暴雨径流查算图表使用手册》（1991 年）查取各历时暴雨参数（均值、变差系数 $C_v$ 等），确定点、面设计暴雨；由设计暴雨推求设计洪水。

1）对集水面积小于 $1000km^2$ 的流域，采用广东省综合单位线法和推理公式法计算设计洪水，在对参数（综合单位线滞时 $m_1$，推理公式汇流参数 $m$）结合工程集水区域下垫面条件合理调整的基础上，协调两种方法的设计洪峰流量相差不超过 20%，原则上采用广东省综合单位线方法计算的设计洪水成果。

2) 对集水面积小于 $10km^2$ 的支流（沟），可采用广东省洪峰流量经验公式计算设计洪水。

3) 对位于城市区域的中小河流，可采用本地区适用的设计暴雨强度公式及有关图表计算设计暴雨强度，由设计暴雨强度推求设计洪水。

4) 上游有对设计洪水产生较大影响的蓄水工程（如水库）时，应考虑水库的洪水调节作用，分析区间设计洪水和水库下泄洪水的组合方式，合理确定工程设计洪水成果。

3.3.5 根据施工设计要求的施工时段计算非汛期分期设计洪水，应说明非汛期分期时段、分期洪水计算方法，确定分期设计洪水成果，并应满足下列要求：

**1** 有实测流量资料时，应按 3.3.4 条规定的根据实测流量资料推求设计洪水的方法计算分期设计洪水。

**2** 无实测流量资料时，根据分期实测雨量资料，可统计各施工时段最大 24h 雨量，其他短历时雨量根据暴雨力 $S_p$ 推求，再按 3.3.4 条规定的根据降雨资料推求设计洪水的方法计算分期设计洪水。

**3** 无分期雨量资料地区可采用临近气象站的雨量资料，并参考相近河流已有工程的批复设计成果，计算分期设计洪水。

3.3.6 设计洪水应按以下要求进行合理性分析：

**1** 根据流量资料计算设计洪水时，应说明洪水系列年限、经验频率计算公式、设计洪水计算成果，经合理性分析并与已有规划设计成果进行分析比较后，确定采用的设计洪水成果。

**2** 根据暴雨资料推算设计洪水时，应说明设计暴雨、产汇流的计算方法和设计洪水计算成果，经合理性分析比较后，确定采用的设计暴雨、设计洪水成果。

**3** 应根据类似地区或相邻河流的设计洪水成果，以及治理河段的历史洪水调查分析成果等资料，对采用的设计洪水成果进行合理性分析。

## 3.4 排 水 流 量

**3.4.1** 说明排水区域地理特征值、资料情况。

**3.4.2** 应根据相关规划和涝区自然地理条件、经济社会情况合理确定排涝原则和标准，划分排涝分区，进行排涝水文计算。

**3.4.3** 穿堤涵闸的排水流量宜按排峰考虑，并说明计算方法和成果，结合当地规划发展合理确定排水流量。

## 3.5 泥 沙

**3.5.1** 简述泥沙来源以及上游水利水电工程拦沙影响、实测的泥沙系列情况，确定多年平均悬移质、推移质年输沙量。缺乏泥沙实测资料的河流，可根据广东省政府2011年批复的《广东省水资源综合规划》的多年平均输沙模数分区图估算输沙量。广东省多年平均输沙模数分区如图3.5.1所示。

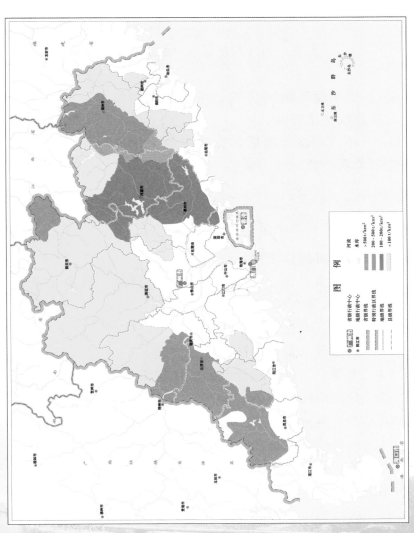

图 3.5.1　广东省多年平均输沙模数分区图（1980—2000 年）

3.5.2　泥沙问题严重的河流，应进行泥沙分析计算，分析泥沙淤积演变情况，并提出预防措施。

## 3.6　水位流量关系曲线

3.6.1　说明设计断面位置、采用的资料情况、水位流量关系曲线推求方法。

3.6.2　经合理性分析后，提出推荐采用的设计断面水位流量关系曲线。

## 3.7　附图与附表

3.7.1　本章可附以下图：

　　1　流域水系图（标明水文站、雨量站、气象站及已建、在建水利水电工程位置）。

　　2　洪峰、洪量或暴雨频率曲线图。

　　3　典型洪水及设计洪水过程线图。

　　4　主要水文站和设计断面的水位流量关系曲线图。

　　5　其他附图。

3.7.2　本章可附以下表：

　　1　设计依据站或参证站历年水文测验情况统计表。

　　2　年、月雨量系列表。

　　3　洪峰、洪量（或暴雨量）系列表。

　　4　典型洪水和设计洪水过程线表。

　　5　其他附表。

# 4

# 工程测量及地质勘察

## 4.1 工 程 测 量

**4.1.1** 对拟治理的河段和重要建筑物，应进行地形和断面测量。地形测量比例尺及断面测量间距应根据实际地形情况按照满足设计和计算工程量需要确定。

**4.1.2** 对整治河道周边受洪水影响的村庄、镇圩控制地坪标高进行测量复核，调查河道附近受淹范围的洪痕，测量洪痕高程。

**4.1.3** 工程总布置图可采用 1∶5000～1∶10000 的地形图，也可采用相同比例尺正射影像图。

**4.1.4** 工程平面布置图一般采用 1∶1000～1∶2000 的地形图，穿堤建筑物、拦河建筑物宜采用 1∶500 的地形图。新建堤防测绘宽度为堤线内侧（背水侧）50～100m；加固堤防和修建护岸的堤（岸）线内侧可适当缩窄，但历史险段及堤防背水侧存在坑塘的堤段应适当加宽。若为单边建堤，应根据设计需要测绘至对岸的堤顶或岸坡顶，以示河宽和河势。

**4.1.5** 断面测量应符合下列要求：

**1** 一般水平比例尺采用 1∶100～1∶500，竖直比例尺采用 1∶100～1∶200。

**2** 有工程布置河段，根据工程实际情况并结合施工图设计要求，一般每 50～200m 测一个横断面，对于地形地貌变化较大或历史险段、堤防背水侧存在坑塘的堤段、存在穿堤建筑物等特殊位置应增加横断面测量。

**3** 无工程布置河段，一般 200～500m 测一个横断面。

**4** 整治河道下游难以确定起推水位时，测量长度应下延，以满足水面线计算要求。

**4.1.6** 对仅采取河道清淤疏浚措施的河段，可不进行河道平面测量，但应进行河道断面测量，测量间距按满足工程量计算精度要求确定。

## 4.2  工程地质勘察

**4.2.1** 勘察单位宜为水利行业单位，勘察成果应符合水利行业规定并满足水利相关规范要求。

**4.2.2** 应根据治理工程措施的型式，参照《堤防工程地质勘察规程》（SL 188）和《中小型水利水电工程地质勘察规范》（SL 55）进行工程地质勘察。

**4.2.3** 查明堤岸的水文地质、工程地质条件，结合护坡方案评价堤岸的稳定性。

**4.2.4** 应收集区域地质资料和区域内其他工程的相关地质资料；调查了解拟治理河段历次暴雨山洪灾害情况、冲刷深度及抢险或加固措施等基本资料。

4.2.5　工程地质条件简单地区，物理力学参数可根据区内地质环境、场地地层和工程特性，结合本地区已建工程经验，采用工程类比法提出；工程地质条件复杂地区，应结合必要的试验，按照《水利水电工程地质勘察规范》（GB 50487）有关岩土物理力学参数取值的有关规定，经综合类比后提出物理力学参数建议值。物理力学参数包括容重、抗剪强度、地基承载力、压缩模量、变形模量、渗透系数、允许渗透比降、允许不冲流速等。

4.2.6　新建堤防、穿堤建筑物及拦河建筑物设计应进行针对性的工程地质钻探，其他可结合探坑、探槽等方法适当简化。以下几种情况，可结合已掌握的地质资料和实地查勘情况适当减少地勘工作量，但应满足工程地质评价内容和深度的要求。

　　**1**　堤防工程沿线道路、桥梁、房屋建筑已有地勘资料的。

　　**2**　平原地区地质条件变化不大，地层情况基本一致的。

　　**3**　山区河道覆盖层很浅，甚至岩基出露的。

4.2.7　勘察时应查明工程区域水下流泥、浮泥的范围和深度，对软土堤基上的旧堤加固工程还应查明旧堤的填筑材料和填筑时间等情况。

4.2.8　对河道疏浚清淤料应进行分段勘察和描述，对其是否适用于堤身填筑及能否用于挡墙、护坡、路面等作出评价。

4.2.9　天然建筑材料的勘察，料场应以调查为主，建材质量、特性指标以类比为主，结合适量勘探试验方法和手段开展工作。对拟实施项目所需的天然建筑材料的种类、储量、质量、场址位置以及开采运输条件等作出评价。

## 4.3　工程地质勘察报告编制要求

### 4.3.1　概述

**1**　说明本阶段勘察（含调查）工作过程、收集的已有勘探成果、主要勘察成果及结论。

**2**　说明本阶段勘察工作内容、累计完成的主要勘察工作量。

### 4.3.2　区域构造稳定性和地震动参数

**1**　说明工程所在区域构造稳定性与地震动参数的结论。

**2**　当场地及其附近存在与工程安全有关的活断层时，应进一步论证其规模和活动性，评价其对工程安全的影响。

### 4.3.3　工程地质

**1**　简述堤防、护岸、穿堤建筑物、拦河建筑物等工程地质条件，评价各比选方案工程地质条件及存在的主要工程地质问题，提出比选的工程地质意见，提出主要岩土体物理力学参数建议值。

**2**　评价穿堤建筑物、拦河建筑物、护岸工程等工程地质条件及存在的工程地质问题，提出工程处理措施建议，提出主要岩土体物理力学参数建议值。对护岸工程还应对全河道分段评价岸坡稳定性，提出护岸工程建议范围。

**3** 对于新建堤防，宜根据堤防沿线的地形地貌、堤基岩（土）层的组成和结构，特别是影响堤基稳定的不良地层的分布和性质，以及含水层的分布、结构和渗透性等，划分堤基地层结构，进行工程地质分段，分段评价堤基抗滑稳定、渗透变形、沉降变形、抗冲能力等工程地质问题，提出工程处理措施建议。

**4** 对于已建堤防，除符合第 3 款的规定外，还应结合堤身结构、堤身土组成和物理力学性质、险情隐患及以往加固处理情况等，评价堤身质量及存在的问题；结合堤基险情隐患分布、特征和地形、地质条件，分析产生险情或隐患的地质原因等；对堤基及堤身存在的险情、隐患，提出工程处理措施建议。

**5** 对地质报告提交的岩土体物理力学参数建议值进行合理性分析。

4.3.4 天然建筑材料

**1** 说明本工程所需天然建筑材料的种类、数量和质量要求。

**2** 简述本阶段对天然建筑材料料场进行详查的成果，包括储量、质量及开采运输条件。

4.3.5 结论

扼要综述主要工程地质问题的评价及结论，提出施工图设计阶段工程地质工作的建议。

4.3.6 附图及附表

**1** 区域地质图（附地层柱状图）或区域构造纲要

和地震震中分布图。

**2** 主要建筑物工程地质图、剖面图。

**3** 天然建筑材料料场分布图，必要时附料场综合图。

**4** 试验成果汇总表。

# 5

# 工程任务和规模

## 5.1 概　　述

**5.1.1** 概述工程所在地区的行政区划、经济社会现状和自然、地理、资源状况、生态现状，相关水利工程等建设现状及水功能区、水源保护、城乡规划、岸线利用等相关规划。

**5.1.2** 重点分析治理河道历年来的洪灾情况、损失情况、灾害发生的主要原因，河道现状及两岸情况、土地属性、存在问题，以及区域社会经济发展对水利提出的新要求等，论述工程建设的必要性。

**5.1.3** 简述与本工程相关的流域规划、城乡规划、土地规划、实施方案、上下游治理实施情况以及本工程河段"清违清障"实施情况。结合项目实际情况，简述与乡村振兴发展相结合的有关内容。

## 5.2 工 程 任 务

**5.2.1** 中小河流治理工程任务以保证防洪安全为主，

其中山区河流兼顾改善河流生态环境，平原区河流兼顾水环境治理及生态修复。在保障水安全的前提下，结合乡村振兴战略，与美丽乡村建设、新农村建设、乡村旅游有机结合，充分发挥河道综合功能，实现人水和谐。

5.2.2 简述工程总体布局、主要建设内容和工程措施，分析不同防护对象的要求，确定工程的防洪保护范围和防洪保护对象。明确工程相关任务、标准和规模，明确治理河长，即实施清淤疏浚、护岸及堤防等的河段累计长度。

5.2.3 根据《防洪标准》（GB 50201），结合河流洪涝灾害特点和防护区经济社会发展要求，按照保护对象和范围，统筹考虑本河流治理对上下游的防洪影响，与流域区域防洪（潮）标准相协调，因地制宜确定防洪（潮）标准、排涝标准。同一条河流可根据不同区域的保护对象分区分段确定防洪（潮）标准。应做好不同标准河段的衔接设计，防止风险转移。

5.2.4 对于《防洪标准》（GB 50201）未明确规定的区域，保护农田区的河段治理宜以岸坡防冲、疏通和稳定河槽为主要目的，允许洪水在农作物耐受时间内淹浸农田。乡镇人口密集区的防洪标准取 10～20 年一遇；村庄人口集中区的防洪标准取 5～10 年一遇；农田因地制宜，按照 5 年一遇以下防洪标准或不设防考虑。

5.2.5 经济发达地区可根据地方实际情况或流域规划适当提高防洪（潮）标准。

5.2.6 排涝工程应根据《治涝标准》（SL 723）或地方排涝相关规定，并结合当地实际确定内涝防治标准。

## 5.3　工　程　规　模

5.3.1　论述堤防工程规模应包括以下内容：

**1**　应以不侵占河道行洪通道为原则，合理确定治理河段的治导线（河岸线、防洪堤线等）；堤防工程按照防洪封闭原则进行设计。充分利用河道两侧已有高地、丘陵、公路等防御洪水，不盲目建设堤防，以节约投资。

**2**　明确河道、堤防的防洪标准、线路布置及堤距。

**3**　通过技术经济比选，合理确定工程规模。工程建设内容应与现状问题对应，做到因害设防、因地制宜。设计中应明确工程规模和建设内容，如工程新建、加固堤防长度。

**4**　经复核河道断面不能满足行洪能力要求时，应综合考虑流域特点、地形地质、施工条件、环境影响、工程占地、工程量及投资等因素，兼顾水资源利用、环境保护，对新建（改建）堤防、现有堤防加固扩建、河道清淤疏浚、堤防与疏浚工程结合等河道整治方案进行技术经济比选，提出经济合理的河道整治方案。

**5**　在河道断面满足行洪能力要求的情况下，堤防工程原则上以原有堤防除险加固为主，尽量维持原堤线及堤距。原堤距不满足河道行洪要求的，经分析论证后堤防可适当退建；加固或新建堤防原则上不得缩窄河道行洪断面。

确需新建（改建）堤防的，堤线选择应按照治导线要求，综合考虑堤线顺直、与上下游协调、与原有堤防平顺衔接等因素，尽量兼顾两岸城乡规划、生产布局和当地群众的需求，经技术经济比选确定。

　　**6**　新建堤防应统筹考虑防护区的排水要求，根据排涝分区和排涝标准，在排水方案论证的基础上，合理确定穿堤建筑物的布置、型式和规模；加固堤防涉及的穿堤建筑物，应根据建筑物现状情况，可采取接长加固、拆除重建等处理措施。

**5.3.2**　论述河道疏浚清淤工程规模时应包括以下内容：

　　**1**　对存在明显淤积的河道，通过分析河势变化以及实测断面情况，根据河道输水和行洪排涝要求，结合灌溉、水质改善、生态保护的要求，确定疏浚范围和规模。

　　**2**　应对河道的特征和功能进行分析，重视综合整治的整体设计。河道断面应体现形态的多样性，在满足行洪排涝等基本功能的基础上，尽量维持原有浅滩、深槽和植物群落等。

　　**3**　分析治理河段的设计水位、设计流量和设计河宽、滩面控制高程等。

　　**4**　合理确定河道清淤疏浚工程的规模和主要参数。

　　**5**　疏挖的河槽断面宜与河段造床流量相适应。在河道扩挖和疏浚设计时，应根据水流条件、河相关系、来水来沙量、地形、地质条件等，确定相应的坡比。

　　**6**　分析河道清淤疏浚对跨河及穿堤建筑物的影响，选定建筑物改造或加固方案。

**5.3.3**　论述岸坡整治及护岸工程规模应考虑以下内容：

**1** 应根据河流和地形的自然特点以及生态的要求，合理确定河道岸线的走向，尽量维护河流的自然形态，避免裁弯取直、侵占河道。

**2** 因地制宜地选择岸坡形式。可根据整治河道所在区域划分为生活区护岸与生产区护岸（流经村镇等人口聚居区域的河段划为生活区护岸，流经农田、林地等无人或少人居住的河段划为生产区护岸），并提出适宜的护岸形式。护岸形式宜优先选用坡式护岸，在保证河岸具有一定抗冲刷能力的前提下，应尽量考虑保留原有岸坡或采用生态型护坡。

**3** 对崩岸、塌岸、迎流顶冲、淘刷严重河段的堤岸，可采取护坡护岸措施。护岸工程原则上应采取平顺护岸形式，并与周围环境相协调，安全实用，便于维护，生态亲水，应避免对河道自然面貌和生态环境的破坏；对岸坡垃圾堆积、杂乱的河段，采取河岸整坡措施；对水土流失严重、有预留用地的堤岸，采取植物护坡措施；对人口聚居区域，应考虑护岸工程的亲水和便民。

**4** 应进行综合比选确定护岸工程位置、型式、高度、深度等参数。

**5** 护岸型式及工程布置不应改变现有河道取水、供水、码头等临河建筑物的水流条件。

**5.3.4** 论述水陂、控导等其他工程时应考虑以下内容：

**1** 重视分析整治河段内水陂、控导工程、穿堤建筑物工程的行洪影响分析，并提出针对性治理措施。如人行交通便桥可纳入本次治理工程中，其他公路交通桥梁等阻水严重的建筑物，应在报告中提出其行洪影响程度，建议由地方政府在其他规划中提出解决实施。

**2** 通过综合分析合理确定水陂、控导工程、穿堤建筑物工程的位置、规模、型式、尺寸。

**3** 河道内各类建（构）筑物的设置以及清淤疏浚工程，应满足河势稳定的要求。对有河势控制任务的整治河段，应说明河势控制的基本情况和要求。

**4** 有河势控制任务的整治河段中水河槽的设计整治流量应为该河段的造床流量，可采用平滩流量法计算。

**5** 整治河段的河相关系宜根据造床流量、来水来沙量、河道纵横断面、河段地形、地质资料分析确定，或根据同一河流的典型河段的实际资料确定，在进行河道整治时，都应加以控制。

**5.3.5** 水生态环境、水景观与水文化工程应考虑以下内容：

**1** 中小河流治理工程应树立生态治理的理念，水利部门主要负责河道管理范围内的河道整治，在人口活动密集地区可适当进行简单的景观设计，地方可结合河道整治制定当地的景观规划，其中水生态环境工程方案应结合工程建成后管护要求确定。

**2** 水生态环境、水景观与水文化工程设计宜结合当地新农村、美丽乡村、乡村旅游等建设需求，并充分考虑征地的可行性。

**3** 应提出水生态保护与修复的措施。

**5.3.6** 水面线应按以下原则进行推算：

**1**　重视历史洪痕调查及水位测量，作为水面线计算的参考。

**2**　分析干支流洪水遭遇、感潮河道洪潮遭遇情况，合理确定水面线计算的洪（潮）水组合。

**3**　水面线计算起推水位按以下原则确定：

1）对已有规划设计成果的，经分析复核后合理选用。

2）对不易确定下游起推水位的山区河流，宜将起推水位位置适当下延，可采用谢才公式确定下游水位。

3）对平原感潮河网地区，应根据计算河段水文（位）站、闸泵等实际情况或设计要求合理分析确定。

**4**　水面线计算方法及要求参见附录 B。

## 5.4　附图与附表

5.4.1　流域（河段）、区域综合利用规划示意图。

5.4.2　工程总体布局示意图。

5.4.3　设计水面线成果表。

5.4.4　其他图表。

# 6

# 工程布置及建筑物

## 6.1 设 计 依 据

**6.1.1** 简述主管部门对工程实施范围的意见及相关规划文件资料。

**6.1.2** 简述工程布置及主要建筑物布置设计所需的相关专业基本资料。

**6.1.3** 说明设计所采用的主要技术标准。

## 6.2 工程等级和标准

**6.2.1** 根据保护对象的重要性和有关规范，确定工程等别和主要、次要建筑物的级别和相应防洪标准。

**6.2.2** 依据《水利水电工程合理使用年限及耐久性设计规范》（SL 654）确定工程及其水工建筑物的合理使用年限并进行耐久性设计。

**6.2.3** 依据《中国地震动峰值加速度区划图》（GB 18306）确定地震动参数设计采用值及相应抗震设计烈度。

## 6.3　工程总布置

6.3.1　中小河流治理应尽量维持河流天然形态，充分体现自然、生态的河道治理理念，宜弯则弯，宜滩则滩，避免裁弯取直、围河占滩、渠化河道，对局部不合理的河段可根据实际情况进行局部调整。

6.3.2　中小河流治理堤线走向布置，原则上应尽量利用已有堤防，堤线应平顺连接，不得采用折线或急弯。

6.3.3　中小河流治理对已有的建筑物应尽量保留或加固处理。经分析论证确需拆除重建时，应通过综合比选，确定建筑物的布置及结构型式，并尽可能在原址或靠近原址重建。

6.3.4　中小河流治理应充分考虑已治理河段，并对护岸、堤防结构型式及疏浚清淤措施等进行技术经济比选，综合选定工程布置方案。

## 6.4　河道疏浚与清淤

6.4.1　河道疏浚清淤工程应遵循河床演变规律，根据治理工程总体布局，结合河道治导线确定疏挖范围。河道疏浚、清淤的纵、横剖面应满足河道行洪安全、河槽与岸坡稳定、河道水域环境整治等要求。

6.4.2　为适应中小河流不同时段流量差异较大的特点，应尽可能采用复式断面进行河道断面清淤设计，清淤后的行洪断面按满足畅泄多年平均洪峰流量要求确定，枯水河槽断面按枯季多年平均流量设计。河道清淤断面形式也可参考治理河段附近天然优良河段断面形式确定。

6.4.3 山丘区河流不宜大规模清淤疏浚，确有必要的须进行防洪安全和生态影响分析论证，杜绝借清淤疏浚盗采河道砂石资源。

6.4.4 河道需扩挖时，应沿滩地较宽的一侧或沿凸岸扩挖，并尽可能使河线圆顺。疏挖段的进、出口处应与原河道渐变连接。未经充分论证，不宜改变整治河段的河道比降。

6.4.5 对多沙河道应分析疏浚回淤的可能性，预测、评价疏浚工程效果。

6.4.6 河道疏浚与清淤应注意防止影响堤防、岸坡稳定及邻近建筑物的安全。涉及堤岸稳定的，应进行相关的堤岸稳定计算。

6.4.7 疏浚与清淤应维护河道原生态河貌，在满足防洪要求的前提下，宜尽量保留原河道河势与形态，维持河道天然滩（洲），注重保持河道生态系统，可适当增强其景观功能。对坡降较陡的河道可布置分级消能措施，减缓坡降，防止冲刷。

6.4.8 为保证清淤及疏浚工程的实施效果、稳定河势和堤岸安全，必要时应实施辅助性的控导工程措施。

6.4.9 清淤疏浚设计方案应提出工程总平面布置、纵剖面、断面型式、控制高程和主要尺寸。疏浚与清淤设计内容应包括清淤疏浚范围、宽度与底高程、两侧边坡坡比及距已建成建（构）筑物的最小安全距离。

6.4.10 应说明河道清淤疏浚边坡稳定计算方法并提出

成果。

**6.4.11** 清淤与疏浚工程弃土处理方式的选取既要根据工程整体要求因地制宜，又要作经济合理性比较。

**6.4.12** 应根据当地地形、地质和环境条件等合理选择弃渣场地，并尽量采用环保型清淤疏浚，同时结合地勘资料和工程实际，考虑就地利用清挖料适当对堤岸进行生态加固、培厚。

**6.4.13** 河道清淤应结合黑臭水体治理、水污染治理及河长制要求，规范污染淤积物的处置，污染严重河道清淤料不得随意堆放、处置。

**6.4.14** 河道砂石资源属于国家所有，中小河流设计清淤方案应科学合理，论证充分，清淤料应按相关规定依法依规处置。

## 6.5 护 岸 工 程

**6.5.1** 河岸受水流、潮汐、波浪等作用可能发生冲刷破坏影响岸坡安全时，应采取防护措施。护岸工程的设计应统筹兼顾、合理布局，综合考虑绿化、景观和生态等要求，并宜采用工程措施与生物措施相结合的方式进行防护。

**6.5.2** 护岸工程可根据水流、潮汐、波浪的特性，以及地形、地质、施工条件和应用要求等，选用坡式、墙式或其他形式护岸。护岸设计应充分利用当地材料，在满足结构和防冲安全的基础上，优先选择生态护岸，满足促进生物多样性、提高水体自净能力、美化环境的要求。常用生态护岸可参考附录 F。

6.5.3 护岸工程的结构、材料应符合下列要求：

**1** 坚固耐久，抗冲刷、抗磨损性能强。

**2** 多孔隙、透水、透气、生态友好，适于生物繁衍生息。

**3** 适应河床变形能力强。

**4** 就地取材，经济合理，便于施工、修复、加固。

6.5.4 护岸的位置和长度应根据水流、潮汐、波浪特性以及地形、地质条件，在河床演变分析的基础上确定，在不同的河段宜采用不同的护岸结构。

6.5.5 护岸分为上部护坡和下部护脚，护坡与护脚应以设计枯水位进行界定，设计枯水位可按月平均水位最低的 3 个月的平均值计算。

6.5.6 护岸上部护坡的顶部高程应与岸顶相平或略高于岸顶，下部护脚延伸范围应符合下列规定：

**1** 在深泓近岸段应延伸至深泓线，并应满足河床最大冲刷深度的要求。

**2** 在水流平顺、岸坡较缓段，护脚宜延伸至坡度为 1∶3～1∶4 的缓坡河床处。

6.5.7 无滩或窄滩段护岸工程与堤身防护工程的连接应良好。

6.5.8 护坡应优先选用具有良好反滤和垫层结构的堆石、土工合成材料和自然材质制成的柔性结构、生态混凝土结构，为植物生长及鱼类、两栖类动物和昆虫的栖息与繁殖创造条件。

6.5.9 城镇河段护岸应考虑景观休闲和亲水的需要，

常水位以上宜采用生态护坡。复式断面的滩面设计应分析行洪和土地利用等因素，可以将滩地设置为不影响行洪的绿化地。

6.5.10　乡村河段护岸应结合水土保持和坡面植物措施。在平原流速较小的河段，除有通航要求的河段外，宜采用植物护岸；对流速较大的山区河段，宜采用干砌石、绿化混凝土、浆砌块石（卵石）和混凝土护岸。

6.5.11　在设计流速小于 2m/s 的顺直河段，可直接选用植物护坡；设计流速小于 4m/s 的顺直河段，可选用由三维土工网复合植物护坡；设计流速大于 4m/s 的顺直河段和河流弯道的迎水面，以及有工程措施衔接的河段，不宜采用植物护坡。

6.5.12　护岸工程应进行稳定计算分析。坡式护岸整体稳定安全系数不应小于 1.25，边坡内部稳定安全系数不应小于 1.20。墙式护岸挡土墙沿基底面的抗滑稳定安全系数不应小于附录 D 表 D.2.9 的规定，岩基上挡土墙的抗倾覆稳定安全系数不应小于附录 D 表 D.2.10 的规定。

6.5.13　坡式护岸的设计应满足下列要求：

　　**1**　上部护坡的结构型式应根据河岸水文、地质、地形、河床形态、周围环境、生态、经济等条件，在凹岸水流对冲段，以满足防冲安全要求为主，护岸型式宜按干砌石、格宾石笼、绿化混凝土、浆砌石、混凝土等优先顺序采用；凸岸及其他防冲要求较低的区段，应充分考虑生态的要求，护岸型式宜按植物、植生土工网垫、植生土工袋、机械化叠石、生态格宾护垫等优先顺序采用。下部护脚部分的结构型式应根据岸坡地形、地质情况、水流条件和材料来源，采用抛石、格宾石笼、浆砌石、混凝土等，经技术经济比较选定。

**2** 护坡工程可根据岸坡的地形、地质条件、岸坡稳定及管理要求设置枯水平台，枯水平台顶部高程应高于设计枯水位 0.5～1.0m，宽度可为 1～2m。

**3** 护坡厚度按《堤防工程设计规范》（GB 50286）确定。绿化混凝土护坡厚度宜为 0.10～0.20m，砌石护坡石层的厚度宜为 0.30～0.40m，混凝土预制块的厚度宜为 0.08～0.12m。砂砾石垫层厚度宜为 0.10～0.15m，粒径可为 2～30mm。当滩面有排水要求时坡面应设置排水沟。

**4** 有条件的河岸应采取植树、植草等生物防护措施，树、草品种应根据当地的气候、水文、地形、土壤等条件及自然景观、生态环境、养护管理要求选择。植物群落宜乔木、灌木和草相结合，采用乡土植物，外来物种应通过试验确定其适用性和生态特性。对护岸范围内的原有林木、灌木应进行保护、利用。

**5** 抛石护脚应符合下列要求：

1）抛石粒径应根据水深、流速情况，按《堤防工程设计规范》（GB 50286）的有关规定计算确定。

2）抛石厚度不宜小于抛石粒径的 2 倍，水深流急处宜增大。

3）抛石护脚的坡度宜缓于 1∶1.5。

**6.5.14** 墙式护岸的设计应满足下列要求：

**1** 对河道狭窄、堤防临水侧无滩易受水流冲刷、保护对象重要、受地形条件或已建建筑物限制的河岸，宜采用墙式护岸。

**2** 墙式护岸的结构型式可采用折线式、陡坡式、直立式等。墙体结构材料宜按绿化混凝土、生态浆砌石、生态砌块、格宾石笼、混凝土等顺序选择。断面尺寸及墙基嵌入河岸坡脚的深度，应根据具体情况及河岸整体稳定计算分析确定，顶高程宜控制在常水位以下，埋深应根据计算的冲刷深度确定，在水流冲刷严重的河岸应采取护基措施。石笼高度不宜高于 2m。

**3** 墙式护岸在墙后与岸坡之间宜回填砂砾石。墙体应设置排水孔，排水孔处应设置反滤层。在水流冲刷严重的河岸，墙后回填体的顶面应采取防冲措施。

**4** 墙式护岸沿长度方向应设置变形缝，钢筋混凝土结构护岸分缝间距可为 15~20m，混凝土结构护岸分缝间距可为 10~15m。在地基条件改变处应增设变形缝，墙基压缩变形量较大时应适当减小分缝间距。

**5** 墙式护岸墙基应优先选用天然地基。当天然地基不能满足要求时，应进行地基处理，处理的措施应通过技术经济论证确定。

**6** 墙式护岸宜设置鱼巢，并进行垂直绿化，改善其生态特性。

**6.5.15** 其他护岸型式的设计应符合下列要求：

**1** 护岸型式可采用桩式护岸维护陡岸的稳定、保护坡脚不受强烈水流的淘刷、促淤保堤。

**2** 桩式护岸的材料可采用钢桩、预制钢筋混凝土桩、大孔径钢筋混凝土桩等。桩式护岸应符合下列要求：

1）桩的长度、直径、入土深度、桩距、材料、结构等应根据水深、流速、泥沙、地质等情况，通过计算或已建工程运用经验分析确定；桩的布置可采用1～3排桩，排距可采用2.0～4.0m。

2）桩可选用透水式和不透水式；透水式桩间应以横梁连接并挂尼龙网、铅丝网、竹柳编篱等构成屏蔽式桩坝；桩间及桩与坡脚之间可抛块石、混凝土预制块等护桩护底防冲。

**3** 坝式护岸应按治理要求依河岸修建，可选用丁坝、顺坝及丁坝、顺坝相结合的勾头丁坝等形式。坝式护岸可按结构材料、坝高及与水流流向关系，选用透水或不透水、淹没或非淹没、正挑、下挑或上挑等形式。丁坝设计宜通过河工模型试验确定。

**4** 有条件的河岸可设置防浪林台、防浪林带、草皮护坡等。防浪林台及防浪林带的宽度、树种、树的行距、株距，应根据水势、水位、流速、风浪情况确定，并应满足消浪、促淤、固土保岸、生态等要求。

## 6.6 堤防工程

6.6.1 堤防工程设计应符合《堤防工程设计规范》（GB 50286）或《海堤工程设计规范》（GB/T 51015）的有关规定。稳定与沉降计算可参考附录D。

6.6.2 堤防工程设计主要内容有：

**1** 堤线布置。

**2**　堤型选择。

**3**　堤身设计。

**4**　堤基处理。

**5**　堤防设计计算。

**6**　防冲措施设计。

**7**　节点设计（视工程需要而定，如公园、与现有建筑物交叉的处理、重要建筑物的保护等）。

**8**　安全监测、安全警示等设计。

**9**　主要工程量的提供。

**10**　相关计算成果及附图。

6.6.3　堤防结构设计主要计算内容有：

**1**　堤顶高程计算。

**2**　渗流及渗透稳定计算。

**3**　堤坡稳定计算。

**4**　防洪墙抗倾、抗滑和基底应力计算。

**5**　沉降计算。

**6**　防冲计算。

**7**　堤基处理计算。

6.6.4　堤线布置应符合下列要求：

**1**　堤线布置按河段洪水治导线确定，旧堤加固以现状堤线布置为基础，不缩窄河道；新建堤防以规划堤线布置为依据，河宽和堤距原则上不能小于规划河宽和规划堤距。

**2**　对于山区丘陵河道应保留自然弯曲，并保留原来的"卡口"和"宽肚子"，即有宽有窄，避免上下游河宽相等的堤线布置。对于河道宽处，应保留河滩地。

**6.6.5** 堤型确定应符合下列要求：

**1** 堤防型式应根据河段所在的地理位置、重要程度、行洪断面、地形、地质、筑堤材料、水流特性、施工条件、运用管理、环境景观、工程造价等因素，经综合比较确定。

**2** 新建堤防应按照因地制宜、就地取材的原则，选择生态型堤型，优先选择土堤型式，原则上不采用浆砌石型式。堤防断面型式可按斜坡式、复合式、直立式等依次进行选择。

1）乡村河段的堤防宜采用斜坡式。可采用植物护坡，减少河道两岸硬化白化面积，减少工程建设对河道自然面貌和生态环境的破坏。应从有利于植被生长、堤防管理养护、防止水土流失等方面选择合适的斜坡坡度。

2）城镇河段的堤防可采用复合式。可结合市政园林建设，采取水土保持和植物防护措施，使河道堤防与周围自然环境和谐。

3）受地形条件或已有建筑物限制、拆迁量大的河段的堤防，可采用直立式。直立式挡墙高度不宜超过2.5m，并可通过垂直绿化、选用透水、透气材料等措施，为水生生物、陆生生物和两栖生物的生存繁育创造条件。

**3** 旧堤加固应尽量保留原有植被，尽量保持堤线自然化、堤身断面多样化、结构材料生态化，不宜硬化河道。加固方案可采用加高培厚、放缓边坡、设置防浪墙等。

1）对堤顶高程、堤坡稳定不满足要求的堤防，可选择加高培厚、放缓边坡等加固方案。

2）对拆迁量大的堤段，可选择加高防洪墙、增设防浪墙或路面加高等加固方案。

3）对堤线布设基本合理、堤身植被较好的堤防，行洪断面不满足要求时，可采取清淤疏浚、堤顶增设防浪墙、堤脚临水侧抛石固脚等工程措施进行加固。

**6.6.6** 堤身设计应符合下列要求：

**1** 河堤堤顶高程按《堤防工程设计规范》（GB 50286）确定，山区堤顶超高值不宜大于1m；海堤堤顶高程按《海堤工程设计规范》（GB/T 51015）确定。软土地基堤身填筑时需考虑沉降的影响，确保堤顶高程满足要求。

**2** 堤顶宽度宜根据堤防等级及实际需求合理确定，山区堤顶宽度可取1～4m。

**3** 堤顶路面结构应根据防汛、管理的要求，并结合堤身土质、气象、是否允许越浪等条件进行选择，山区宜采用泥结碎石型式。

**6.6.7** 筑堤材料与填筑标准应符合下列要求：

**1** 筑堤材料宜就地取材，应满足抗滑稳定、抗渗稳定、抗冲稳定的要求。采用淤泥、淤泥质土作为填筑材料时，应提出加大排水固结速率等措施；采用粉细砂及石渣作为填筑材料时，应采取渗流控制措施；采用清滩土石料作为填筑材料时，需通过充分的试验研究和论证，并提出检测方法。

**2** 应考虑加高培厚的材料与原堤材料的适应性，

临水侧可采用渗透性较弱的材料，背水坡应采用渗透性相对较强的材料。

**3** 填筑标准按《堤防工程设计规范》（GB 50286）确定。

**6.6.8** 堤防防渗应符合下列要求：

**1** 渗流控制的基本准则是"前截中压后排"，防渗和排渗相结合，渗流出口采用反滤层保护。

**2** 渗控措施主要包括防渗措施、排渗措施和反滤措施等。

1）堤身防渗常用的有堤身灌浆、黏土心墙、黏土斜墙、复合土工膜、背水侧反滤排渗等。

2）堤基防渗常用的有水平铺盖、防渗帷幕、背水侧反滤排渗等。对堤防背水侧的坑塘，可采用填塘固基结合排水减压等加固方案，压渗材料应选用渗透性相对较强的材料。

3）山区乡村河段堤防的防渗措施可按"允许渗漏但不允许渗透破坏"的原则进行设计。全截式的垂直防渗措施应慎用。

**3** 防渗措施的选用应根据堤身情况、堤基地质条件、地形条件以及渗透破坏危害程度等，通过技术、经济和施工可行性比较确定。

**6.6.9** 堤基处理应符合下列要求：

**1** 堤防地基承载力不足、抗滑稳定安全性不足、沉降不均匀且不满足要求时应进行地基处理。

**2** 地基处理应尽量通过调整结构尺寸，改变结构型式，或避开软弱地基等方法来满足要求。

**3** 必须进行地基处理的，处理方案应通过技术、经济和施工可行性比较确定。

**4** 软土地基处理可采用换填、堆载预压、水泥土搅拌桩复合地基、刚性桩复合地基、桩基础等方法。

**6.6.10** 堤脚防冲应符合下列要求：

**1** 常用的堤脚防冲措施有基础埋深、抛石防冲、金属网兜、生态网箱以及支护桩等。

**2** 各种防冲措施的特点如下：

1）基础埋深和抛石防冲较为常用，投资较省，一般河道都可采用，但应注意流速大时容易破坏。

2）金属网兜整体性好，适应变形能力强，但投资略高，网兜露出水面影响景观，且在大粒径推移质多的河道中，网丝易磨损。

3）生态网箱抗冲能力好，适应变形能力好，透水透气，表面常生长植物，较美观，可作普通挡墙。山区、平原河道均可采用，但是在大粒径推移质多的河道中，网丝易磨损。

4）支护桩一般为灌注桩、预制桩等，防冲效果较好，但是施工繁琐，造价高，桩前冲刷深度较大时容易导致桩失稳，宜结合抛石等其他措施一起应用。

## 6.7 穿堤建筑物

**6.7.1** 穿堤建筑物设置应结合地形、地质条件、引（排）水流量、水流流态、施工、投资、运行条件等方面，通过方案比选综合分析确定。地形条件许可时，宜合并设置，减少穿堤建筑物数量。

6.7.2 穿堤建筑物设计应满足下列要求：

　　**1** 位置应选择在水流流态平顺、岸坡稳定，不影响行洪安全的堤段。

　　**2** 采用整体性强、刚度大的轻型结构。

　　**3** 荷载、结构布置对称，基底压力的偏心距小。

　　**4** 结构分块、止水等对不均匀沉降的适应性好。

　　**5** 减少过流引起的振动。

　　**6** 进口引水、出口消能结构合理可靠。

　　**7** 水闸边墙与两侧堤身连接的布置应能满足堤身、堤基稳定和防止接触冲刷的要求。

6.7.3 排水建筑物的底部高程宜高于堤防设计洪水位，当在设计洪水位以下时，应设计能满足防洪要求的闸门，并能在防洪要求的时限内关闭。

6.7.4 当旧堤加固时，必须对原穿堤建筑物按新的设计条件进行验算，原穿堤建筑物满足防洪、结构强度、渗透稳定、消能防冲等要求时可保留利用，不满足上述要求时，应加固、改建或拆除重建。

6.7.5 穿堤建筑物与土堤接合部应能满足渗透稳定要求，在建筑物外围应设置截流环或刺墙等，渗流出口应设置反滤排水。

6.7.6 穿堤建筑物宜建于坚硬、紧密的天然地基上。其基础应沿长度方向、地基条件改变处设置变形缝和止水措施。

6.7.7 穿堤建筑物位于松软地基或有可能发生不均匀沉降地段的，应进行基础处理。

**6.7.8** 穿堤建筑物周围的回填土的填筑标准不应低于堤防设计的填筑标准。

**6.7.9** 穿堤建筑物应进行稳定、应力、变形、渗流和结构等计算，提出计算成果。

## 6.8 水 陂 工 程

**6.8.1** 需要从中小河流引水而新建的水陂工程，原则上不纳入中小河流治理工程。

**6.8.2** 河道现有满足从中小河流引水的水陂工程，其改造、加固或重建可根据实际情况纳入中小河流治理工程。

**6.8.3** 现有的水陂工程，应根据水陂的实际情况，复核其结构安全性，通过综合比选，确定其改造、加固或重建方案。

**6.8.4** 对确需移址重建的水陂应作充分论证。

**6.8.5** 对水陂工程进行改造，原则上不得抬高河道水面线；对造成河道水面线抬高，并影响上游堤防（护岸）安全时，应采取工程措施确保上游地区防洪安全。

**6.8.6** 水陂的结构设计、消能防冲设计按《水闸设计规范》（SL 265）的规定执行。

**6.8.7** 水陂按堰流公式计算复核水陂宽度。

**6.8.8** 水陂结构设计计算应包括以下内容：

   **1** 边墙顶高程计算。

   **2** 稳定及建基面应力计算。

   **3** 上下游翼墙稳定应力计算。

**4** 下游消能防冲设计计算。

**6.8.9** 水陂地基处理设计应根据水陂及上下游翼墙稳定应力计算成果,经过方案比较,确定地基处理设计方案。

**6.8.10** 对于经论证需要重建的水陂工程,应整合现状水陂,尽量减少水陂数量。

## 6.9 控 导 工 程

**6.9.1** 为约束主流摆动范围、稳定河势、护滩保堤,中小河流治理中可设置控导工程,引导主流沿设计治导线下泄。控导工程应按治理要求修建,并应按整治线布置。

**6.9.2** 控导工程应遵循因势利导,以稳定河槽、防冲护岸为原则。工程设计上应满足洪水束水导流的不同要求,保证在各种情况下都能起到束水的作用。

**6.9.3** 控导工程设计应认真分析整治河段水沙特性、河势变化和河床演变特点及其影响因素,按照河床演变规律和预估发展趋势,做到切合实际、治理有效。

**6.9.4** 控导工程应根据河流水文泥沙特性、河道边界条件、整治工程总体布置的要求,合理选用丁坝、顺坝(或护岸)、锁坝、潜坝等。水流流态复杂或冲淤变化较大河段的控导工程方案宜通过河工模型试验验证。

**6.9.5** 对弯曲型河段进行整治,可采用控导工程控制凹岸发展及改善弯道。对分汊型河段进行整治,可修建顺坝和丁坝调整水流,包括在汊道入口处修建;也可在上游节点修建控制工程，以控制来水来沙条件；为改善江心洲尾部水流流态，可在洲尾修建导流顺坝。对游荡型河段进行整治应循序渐进、逐步进行，逐步缩小主流的游荡摆动范围，最终达到稳定河势目的。

6.9.6  控导工程设计应进行冲刷计算，计算时应合理选用河床面上允许不冲流速、坡脚处土壤计算粒径、水流的局部冲刷流速等计算主要参数，并对成果进行合理性分析。

6.9.7  有通航要求的河道整治，控导工程设计应保证航道水流平顺、深槽稳定，具有满足通航要求的水深、航宽、河弯半径和流速、流态。对于重要的工程，在方案比较选定时，应进行数学模型计算和物理模型试验。

6.9.8  控导工程应强化生态型技术的应用，尽量减少影响河道的天然状态。

## 6.10  水环境治理与水生态修复

6.10.1  中小河流治理应把恢复和改善河道生态和环境放在重要位置。在工程建设中应尽量保持河流的自然状态，保留河流连续性、蜿蜒性，保留河流的深潭、浅滩、沙洲等原有河流地貌形态，防止对现有水生态环境的破坏。

6.10.2  河道生态设计应考虑河道生境需求，在不影响河道行洪安全的前提下，创造出丰富多彩的水边环境，促使建成的人工群落与自然群落相适应，维护河流生物群落多样性和系统稳定性。

6.10.3 在河道断面结构型式、岸坡与河床护砌材料、施工工艺等方面的选择过程中，应充分考虑河道内各种生物生存环境，采取必要的措施，维持河道生物的生存条件，尽量避免平面形式规则化、断面形式单一化和建筑材料硬质化。新建梯级闸坝、水陂工程时宜同步建设鱼道。

6.10.4 岸坡防护应在满足河道行洪安全的前提下，采用自然形式、种植适宜植物，或选用具有良好反滤和垫层结构的材料，不宜使用硬质不透水材料。

6.10.5 河道水质应符合《广东省水功能区划》和《广东省水环境功能区划》的规定，对于现状水质低于水功能和水环境区划要求的河道，应通过减污、治污等综合措施，使河道水质达到相应的要求。

6.10.6 直接排入河道的工业污水应进行处理达标后排放；城镇生活污水应集中处理，对不能纳入统一处理的生活污水应采用其他污水处理工艺（多级化粪池处理、沼气化处理和土地深度处理等）处理。污水应按国家污水综合排放标准及相应的企业标准规定达标排放。

6.10.7 集中居住的自然村的生活垃圾应实行集中处理，不能实行集中处理的小村庄、农村分散的居户的生活垃圾、建筑垃圾及其他污染水体的有害物不得倒入河道。禁止在河道管理范围内堆放、存贮固体废弃物和其他污染物。

6.10.8 对水源补给少的蓄水排涝河道，严禁建设污染型工业企业、规模以上畜禽养殖场及城镇生活污水集中排放口；在饮用水源保护区禁止设置排污口，严禁建立畜禽养殖场，严格控制在河道水面开展投放人工饲料的水产养殖和规模以上的水禽养殖。

6.10.9 入河排污口整治方案宜纳入治理方案进行设计。工业企业及城镇生活的规模以上排污口宜建立自动排放监测装置和计量装置，可安装矩形堰、三角堰、测流槽或其他计量装置，鼓励推广远程在线监控技术。

6.10.10 在有条件的地区，应结合水环境综合治理措施，采取生态湿地、生态滤沟、生物浮岛、跌水复氧和微生物操控等水生态修复技术，充分利用河道生物对污染物的吸收、吸附、分解、代谢等功能，提高河道自净能力，实现河道的水质净化和生态修复。水环境治理与水生态修复主要技术见附录 H。

6.10.11 城市（镇）河段应通过对河道水质控制、河道水面保洁、保留或扩大河道两岸堤防及周边的绿化面积等措施，改善城市河道及周边环境面貌；乡村河道应保护沿岸和江心洲原有的林带。

6.10.12 河道绿化应结合护坡措施、水土保持、植物对污染物的降解作用、防护林、护堤林、经济林建设以及区域绿化规划要求等统筹安排，提高绿化的综合效益，减少养护管理成本。

6.10.13 在不影响行洪的情况下，河道内的滩地和近岸水域宜保留或种植有利于治污和净化水体的低秆植物。城市河道绿化带宜在堤防背水坡和迎水坡常水位或设计洪水位以上一定范围进行布置。

6.10.14 城市（镇）河段的堤防、护岸工程及沿河的水闸、泵站等工程设施，应结合绿化措施，美化工程环境，并与周边环境相协调。对堤防和护岸用硬质材料的部位，可采用适当的植物覆盖或隐藏，但应避免植物的根系生长或腐烂对堤防和护岸的破坏。排洪骨干河道两岸堤防的迎水坡、堤顶、背水坡渗流出逸区域不应种植高秆植物或根系发达、枝叶茂盛的树木，以保持行洪通畅，防止对堤防破坏。

6.10.15 绿化的草种和树种选型应因地制宜，便于养护管理，有利于形成良好的自然群落，对工程运行和生态环境无负面影响，慎重选择和使用外来物种。水生植物选型及种植技术见附录I。

## 6.11 水景观与水文化

6.11.1 水景观设计与水文化的关系应是水文化自然融入水景观设计中、水景观设计充分彰显岭南水文化的内涵和特色，并与区域城乡相关规划及碧道建设要求做好衔接。

6.11.2 水景观设计的内容包括：岸线形状、护岸型式、护岸材料样式、亲水活动空间、河岸植物带景观等。水景观设计既要考虑防洪排涝安全及工程结构安全性的要求，又要考虑生态的要求。

6.11.3 水景观规划设计前，应对河段进行充分的调研，应把握地区的历史文化风貌和自然景观特色，使人造环境与自然环境相协调。充分挖掘当地的自然水景观；充分挖掘和清查水文化遗产，如民俗文化、历史遗迹、治水文化、人文文化等，在水景观设计中充分体现当地的水文化特色。

**6.11.4** 水景观设计应充分考虑观赏者可能到达的角度和位置,注意营造各具特色的"流轴景""对岸景""水上景""俯瞰景"。此外,水景观设计应当考虑整体景观的和谐、景观的个性化、景观的透视效果、景观的耐看和居民的接受程度。

**6.11.5** 城市(镇)河段或经过村庄的乡村河段,可在河道适当的部位设置固定坝或活动坝,拦蓄枯季水流,形成一定水面,以满足景观休闲、生态环境等功能要求。固定坝或活动坝的设计除满足功能要求外,还应与环境景观协调。固定坝宜采用低矮的宽顶堰,应以当地建筑材料为主。活动坝设计时应考虑放水时下游的安全。固定坝或活动坝的设置应防止在较长的河段内形成梯段,降低河道水体自净能力,破坏鱼类洄游。

**6.11.6** 河道应尽量保持其自然的曲折形态,保留凹岸、凸岸、浅滩、沙洲等地貌单元;自然水景观应尽可能得到保留,同时,可以在保留原有的溪流、沙洲、滩地、湿地、岸坡、林木等的基础上,适当进行人工修饰,如增加木质栈道、加固沙洲、打木桩护岸、恢复受损植被等。

**6.11.7** 河道形态的设计宜采用复式断面或者双层河道断面,在满足汛期排洪功能的前提下可以营造枯水期水景观。

**6.11.8** 在有条件的河岸可以设计开敞式休闲空间,如利用河岸周边空间设计沿河公园、亲水平台、亲水广场及鉴景平台(如观水走廊、视觉回廊等)等。

6.11.9　小景观营造，雕塑题材的选择应符合当地的风土人情，桥堤景观的设计应顺应南北地域的差异，体现岭南特色；主题广场的建设要充分体现当地的民俗风土人情和具有代表性的历史事件等。

6.11.10　城市河段水景观设计可以考虑设置河堤沿岸、水面的景观照明以及音乐喷泉、水幕等先进科技，增强夜晚的立体动态的艺术效果。

6.11.11　在水文化活动、民俗盛行的地方，应为居民从事水文化活动保留足够的场所。

6.11.12　水景观与水文化设计应注意与相关规划的衔接，与城市建设和美丽新农村建设相结合。

6.11.13　河岸植物景观带应以当地特色植物物种为基本植物造景，通过水生、湿生、林地植物群落的组合设计，乔灌草结合的方式，形成多层次、交叉镶嵌、物种丰富的生态景观带及复层结构植物群落。

6.11.14　景观植物的配置及要求

据生长条件的不同，河道植物分为常水位以下的水生植物、河坡植物、河滩植物和洪水位以上的对河堤有良好的生态环保效果的植物。根据水位和作用的不同，选择适宜该水位生长的植物，达到一定的水利设施功能。河道各部位的植物配置应符合下列要求：

1　主河槽植物配置。主河槽应选择耐涝型植物，在常水位线以下且水流平缓的地方，应多种植生态美观的水生植物，其功能主要是净化水质，为水生动物提供栖食和活动场所，美化水面，根据河道特点选择合适的沉水植物、浮叶植物、挺水植物，并按其生态习性科学地配置，实行混合种植和块状种植相结合。常水位至洪水位的区域是河道水土保持的重点区域，植物的功能应有固堤、保土和美化河岸的作用。人工污染较严重的河段或者郊区无污水管网的河段，应选择环保效果好，能有效地消除氮磷、油污、有毒化学物质的植物种类，以中和水中的污染物，达到生态治河的目的，比如伊乐藻、苦草、狐尾藻、金鱼藻、芦苇、芦竹、美人蕉等。有关研究表明，沉水植物比浮水、挺水植物更能有效去除污染物。有种植槽或湿地的地方，可以根据水生植物适应水深的情况，配置多种水生植物，重构水生植物、鱼类、鸟类、两栖类、昆虫类动物的良好栖息场所。

2 行洪滩地植物配置。行洪滩地部分以湿生植物为主，选择能耐短时间水淹的植物，河道植物的配置应考虑群落化，物种间应生态位互补，上下有层次，左右相连接，根系深浅相错落，以多年生草本和灌木为主体，在不影响行洪排涝的前提下，可种植少量乔木树种。洪水位以上是河道水土保持植物绿化的亮点，是河道景观营造的主要区段，群落的构建应选择以当地能自然形成片林景观的树种为主，物种应丰富多彩、类型多样，可适当增加常绿植物比例，以弥补洪水位以下植物群落景观在冬季萧条的缺陷。这样，水生植物与河边的灌乔木呼应配合，就形成了有层次的植物生态景观。在植物种类的选择上，应尽量选择适宜本地区气候环境的物种，同时不造成外来物种入侵，植物生长后构成的景观层应分明。水际边缘地带应选择抗逆性好、管理粗放、植物根系发达、固土能力强的植物，比如香根草、百喜草等。

3  堤防及岸坡植物配置。堤防生态景观带是视觉最为直观的景观区域，特别是城市河道段，植被的选择较为多样性，应根据本地区的气候特点结合景观规划选择观赏性较强的植物。堤防两侧岸坡一般呈蜿蜒型平面，需要较长的绿化期，在植被设计时宜采用原有乔灌木保留或培育的方法，配置由植草护坡向乔灌树群过渡的植物群，增强岸坡植被的层次感、立体感和视觉冲击力，岸坡可采用一些固土及存水措施（例如三维立体草毯、生态护坡格栅等），为植被提供良好的生长环境。堤顶路是景观观赏的主要视点和途径，应有开放性，特别是城市景观河段，植物选择应结合道路的节点栏杆、河岸的景观灯、滨水步道、亲水平台、休闲小品等园林化建设进行综合设计，可选择颜色艳丽、生命力顽强的灌木丛和花卉进行装饰和衬托，堤顶路两侧可种植乔木，形成堤顶林荫道。

# 7

# 机电及金属结构

## 7.1 基 本 要 求

结合广东省中小河流治理的实际情况，合理选择机电及金属结构型式。机电及金属结构选型应满足防盗、操作简单、维护管理方便、经济实用的要求。供电线路较长或供电投资较大，可考虑移动式电源；手工操作可满足要求的建筑物应尽量选择手工操作。金属结构主要指涵闸，对规模较小的箱涵、涵管出口的闸门应尽量选择操作运行方便的铸铁闸门，同时做好防盗措施。

## 7.2 电 气

### 7.2.1 接入系统

概述涵闸工程的地理位置，用电负荷分布。确定工程供电电压等级、供电线路回数与供电电源的连接点、距离等。电压等级低、用电负荷小时可以简化或省略。

### 7.2.2 供电系统

根据工程用电负荷的大小、供电电源点的距离等综合因素，分析供电系统接线方案，确定永久建筑设施和工程管理设施供电方式。根据工程的性质，分析堤围等照明设计方案。

## 7.3 金属结构

进行必要的方案比选，说明各建筑物的闸门布置方案、型式、数量及主要尺寸及技术参数；选定启闭机设备布置、型式、容量、数量及主要参数，说明操作运行条件，提出启闭机动力措施；说明金属结构防腐要求；说明金属结构闸门、埋件、启闭机及防腐面积等工程量。

## 7.4 附图与附表

7.4.1 附供电系统接线图。

7.4.2 附金属结构设备汇总表。

# 8

# 施 工 组 织 设 计

## 8.1 施 工 条 件

**8.1.1** 工程条件

**1** 概述工程地理位置、对外交通情况。

**2** 描述工程布置及主要建筑物（包括中小河流建筑物组成、工程规模等）。

**3** 分析施工特点，说明主要工程量。

**4** 分析主要外来建筑材料的来源及水、电等供应。

**5** 说明施工范围内各类管线、取水口及排放口等情况。

**8.1.2** 自然条件

**1** 简述地形、地质条件。

**2** 简述水文、气象情况。

## 8.2 天 然 建 筑 材 料 及 弃 渣 场

**8.2.1** 天然建筑材料

**1** 总体描述工程所需砂、土及石料的总量，分述各主要建筑物所需砂、土及石料的数量。

**2** 根据天然建筑材料的勘察成果，分析各土料场、砂料场、石料场的分布、储量、质量、开采运输条件及主要技术参数，选定料场，并说明开采的主要工艺、运输及加工设备。

### 8.2.2 弃渣场

施工过程应尽量保持土石方平衡。根据弃渣运输方式、运输距离、占地补偿条件等，结合土方平衡计算结果，明确弃渣场位置及占地面积，说明弃渣安排。

## 8.3 施 工 导 流

### 8.3.1 导流方式

堤防、护岸等建筑物施工宜采用分期、分段施工导流方式；穿堤及拦河建筑物宜采用一期施工、一次导流方式。

### 8.3.2 导流标准

宜依据《水利水电工程施工组织设计规范》（SL 303）的规定，并结合河流实际情况，建筑物的特性及工期，分析确定导流建筑物的级别和洪水标准。

### 8.3.3 导流时段

中小河流堤防、护岸、穿堤及拦河建筑物等施工，应根据施工工期安排，结合山区河流洪水特点，合理选择导流时段及导流流量，宜选择枯水时段。

### 8.3.4 导流建筑物设计

**1** 分述各导流建筑物的设计要素。

**2** 分列各导流建筑物的工程量表。

## 8.4 主体工程施工

根据中小河流清淤、疏浚及主体建筑物特点，阐述主体工程（包括导流工程）的施工方法、施工程序，列出主要施工机械设备及施工技术要求。

## 8.5 交通运输施工

8.5.1 描述工程区对外交通情况，明确对外交通运输方案。

8.5.2 描述场内交通情况，结合现有线路，分析是否布置新建场内施工道路，并说明新建道路的长度、设计要素等。

## 8.6 工厂设施施工

8.6.1 说明施工期间所需主要施工机械、主要材料加工、运输设备、金属结构等种类及数量，提出修配加工能力。

8.6.2 确定场地和生产建筑面积。

8.6.3 确定施工期水、电及通信设计方案。

## 8.7 施工总布置

8.7.1 确定主要施工工厂、生活设施的规模，并进行具体布置。

8.7.2　确定弃渣场位置、规模，并提出临建工程量及施工占地。

## 8.8　施工总进度

8.8.1　设计原则

**1**　合理安排，尽量利用枯水期的有利时机施工。

**2**　尽可能做到均衡施工，使建设安排与投资能力相适应。

**3**　施工进度安排应考虑技术可能性与经济合理性，尽量避免洪水期施工。

**4**　工程建设宜分段实施。

8.8.2　施工强度、劳动力投入

**1**　根据施工进度安排，分析月施工高峰强度（主要包括土石方开挖、混凝土浇筑及土石方回填等）。

**2**　根据工程实际需要，确定施工高峰人数及施工总工日。

8.8.3　进度安排

结合工程实际情况，说明工程施工总工期，描述总工期的 3 个组成部分（施工准备期、主体工程施工期及工程完建期）。

**1**　施工准备期

1）说明施工准备期的期限。

2）描述施工准备期需要完成的工程项目，主要包括"四通一平"、导流工程施工等。

**2**  主体工程施工期

1）说明主体工程施工期期限。

2）描述主体工程需要分几个时段施工；分述不同施工时段需要完成的主体工程项目。

**3**  工程完建期

1）说明工程完建期限。

2）描述工程完建期需要完成的工程项目。

## 8.9  附图与附表

8.9.1  附图

**1**  施工总平面布置图。

**2**  施工导流布置及建筑物结构图。

8.9.2  附表

**1**  主要工程量汇总表。

**2**  分期完成主要工程量表。

**3**  主要施工机械设备表。

**4**  施工总进度表。

# 9

# 建设征地与移民安置

## 9.1 概　　述

9.1.1　概述工程建设内容、征地涉及地区的自然条件和经济社会情况。

9.1.2　概述工程建设征地的编制依据、编制原则和方法。

9.1.3　对堤防加固工程、护岸护坡工程和河道疏浚工程原则上不新征管理用地，对新建堤防根据堤防级别和相关规范设置少量的护堤地，护堤地宽度应从严控制，以减少占地和投资。

## 9.2 征 地 范 围

9.2.1　根据工程总布置和工程管理设计成果，确定工程永久用地性质及范围。

9.2.2　根据施工总布置、施工组织设计，确定临时用地性质及范围。

## 9.3　征地实物指标

9.3.1　根据《水利水电工程建设征地移民实物调查规范》（SL 442），说明工程建设征地实物调查的范围、内容和方法。

9.3.2　说明工程建设征地范围内专项项目的实物指标。

9.3.3　确定工程建设征地范围内的实物指标。

## 9.4　移民安置规划设计

9.4.1　根据《水利水电工程建设农村移民安置规划设计规范》（SL 440），合理确定移民安置方案。

9.4.2　编制建设征地移民安置规划设计报告。

## 9.5　补偿投资概算

9.5.1　会同地方政府等进行多方研究，落实永久征地和临时用地处理的具体措施。

9.5.2　根据国家及地方有关政策或当地有关规定，合理确定永久征地、临时征地及专项项目的补偿单价。

9.5.3　参照《水利水电工程建设征地移民安置规划设计规范》（SL 290），编制工程建设征地概算。其他费用原则上仅列勘测设计费、实施管理费和征地勘测定界费。

# 9.6 图表及附件

9.6.1 附图附表包括：

　　**1** 建设征地范围红线图。

　　**2** 建设征地移民补偿投资概算表。

9.6.2 附件包括：

　　**1** 专业项目主管部门对专业项目迁移实物指标的确认意见。

　　**2** 地方人民政府对永久征地和临时征地实物指标的确认意见。

　　**3** 相关协议、合同和承诺等文件。

　　**4** 其他附件。

# 10

# 环 境 保 护 设 计

## 10.1 概　　述

10.1.1　确定环境保护对象及标准。

10.1.2　说明环境保护设计依据的主要技术标准。

## 10.2　水 环 境 保 护

10.2.1　评价工程调度运用方式是否满足环境用水要求。

10.2.2　确定重点保护水域和饮用水源地保护措施设计方案。

10.2.3　确定工程废污水处理措施设计方案。

10.2.4　确定河流纳污能力恢复与补偿措施方案。

## 10.3　生 态 保 护

10.3.1　评价工程调度运用及泄放设施与方式是否满足河道内生态用水要求，提出工程下泄生态用水监控方案。

10.3.2　生态敏感区应确定珍惜、濒危、特有水生动植物保护措施设计方案。

10.3.3　确定水生生物保护工程设计方案。

10.3.4　确定生态补水引流措施设计方案。

## 10.4　土壤环境保护

10.4.1　确定土地退化防治工程、生物和管理措施设计方案。

10.4.2　确定河流底泥清淤疏浚与处置措施方案，提出限制利用要求，避免形成二次污染。

## 10.5　大气及声环境保护

10.5.1　针对保护对象，确定施工粉尘污染防治及污染底泥产生臭气防治措施设计。

10.5.2　针对施工产生的噪声影响对象，确定声环境保护措施。

## 10.6　人群健康保护

10.6.1　提出施工区疫情调查和检疫计划。

10.6.2　确定自然疫源性、介水传染病等疾病防治措施方案。

10.6.3　确定施工场地卫生清理方案。

10.6.4　提出施工区饮水安全保障措施方案。

## 10.7　其他环境保护

10.7.1　提出施工区及管理区生活垃圾和建筑垃圾处置方案。

10.7.2　提出景观保护、生态恢复等措施方案。

## 10.8　环境管理及监测

10.8.1　制定施工期环境监测方案。

10.8.2　提出施工期环境监测计划。

## 10.9　附　　图

10.9.1　环境保护措施总体布局图。

10.9.2　各类环境保护措施设计图。

# 水 土 保 持 设 计

## 11.1 概　　述

11.1.1　简述项目概况和工程建设区水土流失和水土保持状况。

11.1.2　说明水土保持设计依据。

11.1.3　简述主体工程水土保持分析与评价。

## 11.2　水土流失防治责任范围

11.2.1　说明水土流失防治责任范围确定的原则和方法。

11.2.2　确定水土流失防治责任范围的面积和分布。

## 11.3　水土流失预测

11.3.1　项目区水土流失现状。

11.3.2　分析计算工程建设的扰动土地面积，弃土、弃石和总弃渣量，损坏水土保持设施的类型和数量。

11.3.3　预测防治责任范围内工程建设可能造成的水土流

失类型、面积及新增水土流失量，分析可能造成的危害。

## 11.4　水土保持措施布置和设计

**11.4.1**　提出本工程水土流失防治目标。

**11.4.2**　确定水土保持工程设计的各项标准。

**11.4.3**　提出本工程水土流失防治总体布局和措施体系。

**11.4.4**　根据主体工程设计，确定各防治分区水土保持措施布置。

**1**　结合工程布置，按防治分区进行水土保持工程措施、植物措施、施工临时工程的设计。

**2**　弃渣场应选择储量大的地形低洼地，分级填筑弃土；不得占用林地、基本农田；不宜设置在软土地基上；渣场不得影响河流、沟谷、排灌沟渠和行洪灌溉功能，并必须保证下游农田、建筑物的安全。

**3**　堆渣场占地设计应根据规模，提出渣体挡护建筑物级别及设计洪水标准、允许安全系数、防护设计参数、稳定分析及排洪措施设计、工程量等。

**4**　污染严重河道清淤料应结合当地实际情况提出切实可行的处理方案，不得随意堆放、处置，避免造成二次污染。

**5**　可利用的表层清基料及腐殖表土应予保留，作为后期绿化覆土使用。

**11.4.5**　计算水土保持工程措施和植物措施工程量。

## 11.5  水土保持工程施工组织设计

**11.5.1**  根据主体工程设计，提出水土保持工程施工组织设计。

**11.5.2**  确定各类水土保持措施的施工进度。

## 11.6  水土保持监测与管理

**11.6.1**  提出水土保持监测及监理计划，明确水土保持监测频次、监测内容、监测方法、监测点布设及监测要求。

**11.6.2**  明确水土保持管理机构、人员，提出建设期、运行期管理要求或方案。

## 11.7  水土保持投资概算

**11.7.1**  按照《水土保持工程概（估）算编制规定》《水土保持工程概算定额》《水利工程设计概（估）算编制规定》《广东省水利水电工程设计概（估）算编制规定》等进行水土保持概算编制。

**11.7.2**  明确分年投资。

## 11.8  附图与附表

**11.8.1**  水土流失防治责任范围图。

11.8.2 水土保持措施总体布局图。

11.8.3 各类水土保持工程措施、植物措施设计图。

11.8.4 水土保持措施工程量表。

# 12

# 劳动安全与工业卫生

## 12.1 危险与有害因素分析

**12.1.1** 说明设计依据的法律法规、主要技术标准和相关文件。

**12.1.2** 根据工程所在地自然条件、社会条件和周边环境情况，确定工程建设与运行中劳动安全与工业卫生的主要危险因素和危害程度，尤其是山洪、山体滑坡、滚石的危害，以及软土地区施工对周边的影响。

## 12.2 劳动安全措施

**12.2.1** 确定可能产生火灾爆炸伤害的场所，提出针对性的防范防护措施、设施布置等。

**12.2.2** 确定可能产生电气伤害、雷电伤害的场所，提出针对性的防范防护措施、设施布置等。

**12.2.3** 确定可能产生机械伤害、坠落伤害的场所，提出各种起重运输机械通道处的防范防护措施、设施布置等。

12.2.4　提出工程区防洪、防台风的措施，说明各种排水措施的布局。

## 12.3　工业卫生措施

12.3.1　确定可能产生噪声、振动与尘埃等有害因素影响的工作场所，提出减免影响或防护的措施。

12.3.2　确定各工作场所的采光与照明、通风、温度与湿度控制、防水与防潮要求，提出相应的保障措施设计。

12.3.3　提出工程运行管理范围内，保障环境卫生的措施。

## 12.4　安全卫生管理

12.4.1　结合工程特点，确定安全卫生管理措施。

12.4.2　选定安全卫生仪器、设备配置。

# 13

# 节 能 设 计

## 13.1 设 计 依 据

**13.1.1** 明确项目应遵循的合理用能标准及节能设计规范。

**13.1.2** 说明工程所在地的自然条件。

**13.1.3** 说明工程所在地域的能源供应状况、能源消耗状况及主要指标，以及国家、地方和行业制订的节能中长期专项规划和节能目标。

## 13.2 节 能 设 计

**13.2.1** 根据工程任务，确定工程总体布置及相关建筑物选型的节能原则和节能要求。

**13.2.2** 根据工程的施工条件，提出施工组织设计的总体布置、天然建筑材料的开采和运输方式、施工程序和机械选择等的节能原则和要求。

**13.2.3** 提出金属结构的节能设计及能耗指标。

**13.2.4** 提出工程管理设施的节能设计及能耗指标。

13.2.5 提出采取节能措施后,建设期和运行期的能耗总量。

## 13.3 节能效益评价

13.3.1 分析工程项目是否符合国家、地方和行业节能设计的要求。

13.3.2 对工程的总体布置及建筑物、施工组织设计、机电及金属结构设备、工程管理等进行节能评价。

13.3.3 对工程建设中采用的节能措施进行节能效益综合评价。

# 14

# 工程管理设计

## 14.1 管理体制和机构设置

### 14.1.1 管理机构及人员编制

**1** 根据中小河流行政管理权限明确工程建设项目法人，说明管理机构的性质及资金筹集方案。

**2** 根据工程建成后管理单位性质，说明管理机构现状人员编制，确定中小河流治理后管理人员的编制。

**3** 管理机构的设置及人员编制可根据水利部、财政部印发的《水利工程管理单位定岗标准（试点）》确定或按经政府批复的管理机构体制改革实施方案执行。

**4** 中小河流治理完成后应按"河长制"工作要求进行管护，明确"河长"职责，提出管护要求。

### 14.1.2 生产、生活的用房规模

说明中小河流工程现状生产、生活的用房情况，确定整治后生产、生活的用房规模。

## 14.2 管理办法

### 14.2.1 确定中小河流的管理任务、管理办法及长效管

护运行机制，应按照《堤防工程养护修理规程》（SL 595）进行管护。

14.2.2　结合管理机构已制定的规章制度，考虑改革创新，确定中小河流建筑物安全监测、水质监测办法及建筑物管理办法。

14.2.3　提倡中小河流从河道的实际要求出发，按照行政管理权限分为省级河道、市级河道、县级河道、县级以下河道，并按行政区域划分采用分级管理办法，并明确责任人。

14.2.4　管理机构的任务是确保工程安全运行，进行科学管理，充分发挥工程综合效益。根据管理机构的任务，明确管理单位的职责。

14.2.5　提出防洪避险应急管理办法，建立群众避险安全转移应急机制。

## 14.3　工程管理范围及保护范围

14.3.1　应按照《堤防工程管理设计规范》（SL 171）、《水闸工程管理设计规范》（SL 170）等确定中小河流水工建筑物和管理设施的管理范围，在工程管理范围的基础上明确工程保护范围，对河道进行电子划界并设置界桩，界桩宜按间距为 500m 设置，在重要下河通道（车行通道）、码头、桥梁、取水口、电站、河道拐弯（角度小于 120°）处、水事纠纷和水事案件易发地段或行政界等地根据实际情况增设。

14.3.2　中小河流的管理范围应根据工程级别结合当地

的自然条件、历史习惯和土地资源开发利用等情况综合分析确定，宜以河道两岸堤防（护岸）背水侧坡脚起，各向外延伸 5～10m 确定管理边界线，两岸管理边界线之间的区域（含水域、陆域）为管理范围；穿越城镇、农田的，工程管理范围根据实际情况可以适当缩小；背水侧顺堤向设有护堤河的，以护堤河为界。对于不设堤防的河段，河道两岸管理边界线宜按现状岸线向外延伸 10～15m 确定。

14.3.3 工程管理范围及保护范围应根据《广东省水利工程管理条例》及县、乡镇人民政府划定的水利工程管理范围及保护范围，并结合工程所在地的自然地理条件、历史原因和社会经济等具体情况进行确定。

14.3.4 工程管理单位应对沿河穿堤建筑物（水闸、引水口、排水口、排污口等）进行统计和编号，加强管理。

## 14.4 工程管理设施

14.4.1 说明中小河流工程管理单位现有管理设施的内容及数量。

14.4.2 根据中小河流特点和工程管理运行的需要，确定需要增加的工程管理设施的项目内容和数量。工程管理设施可包括工程观测设施、通信设备工程维护设备、办公辅助设备及防汛物料储备等。有条件的地区应尽量完善以上工程管理设施，其他地区可适当简化项目。

14.4.3 做好信息化设计。结合"互联网＋现代水利"

的要求，做好信息化基础工作，在沿线镇、村人群聚居的河段全面布设工程图像（或视频）、水位、雨量三要素监测设备，并能实现与省水利云交换数据。

## 14.5 工程管理运行费用及资金来源

14.5.1 明确工程管理运行费用。工程年管理运行费主要包含工程维护费、材料燃料动力费、管理人员工资及福利费、管理及其他费用等。

14.5.2 明确工程年运行费的资金来源，资金来源应满足维持中小河流治理工程正常运行的需要。

# 15

# 设 计 概 算

## 15.1 概　　述

15.1.1　简述工程概况，包括兴建地点、对外交通条件、工程任务与规模、施工总工期、主要工程量、主要建筑材料及天然建筑材料料源供应情况、主要材料用量、水电供应条件、弃渣场位置等。

15.1.2　说明工程项目概算主要指标，包括总投资，分列建安工程费、设备费、独立费、预备费、专项部分投资（工程征地补偿投资、环境保护投资、水土保持投资）。

## 15.2　编制内容及依据

15.2.1　设计概算应包括下列内容：

　　**1**　说明采用的编制规定、定额及其他有关规定、编制设计概算的水平年，以及主要材料、次要材料、机电和金属结构设备、砂石料等价格的依据。

　　**2**　根据《广东省水利水电工程设计概（估）算编

制规定》和工程类别明确设计概算项目划分。

**3** 分析计算主要材料预算价格,确定次要材料价格。根据施工组织设计计算基础单价及工程单价,调查分析确定交通、房屋、供电线路等工程造价指标。

**4** 调查分析确定发电机、闸门、启闭机等主要设备价格。

**5** 其他建筑工程、其他机电设备及安装工程,应结合工程实际情况列示项目并分别计算投资。

**6** 专项部分投资(工程征地补偿投资、环境保护投资、水土保持投资),应按照相应专题设计报告的投资计列。

**15.2.2** 设计概算依据下列内容编制:

**1** 中小河流治理工程严格控制投资,工程设计概算原则上采用地方标准。

**2** 以《广东省水利水电工程设计概(估)算编制规定》为编制依据。

**3** 一般以编制年作为编制设计概算的价格水平年。

**4** 以《广东省水利水电建筑工程概算定额》《广东省水利水电设备安装工程概算定额》《广东省水利水电建筑工程施工机械台班费定额》为主要定额依据,涉及其他行业的单项工程概算,可依据相关行业规定和定额编制。

**5** 在满足质量、供应能力的前提下,就近选取主要材料的供应地。主要材料价格一般情况下可采用工程所在地县级以上建设工程造价管理部门颁布的当期材料信息价格,但应根据施工组织设计中分仓库的布设及材料运进方式，计算确定主要材料预算价格。次要材料价格一般情况下可直接采用广东省水利厅公布的当年地方水利工程次要材料预算价格。

**6** 概算中的工程量按照《水利水电工程设计工程量计算规定（SL 328）》的规定进行计算。应考虑软土沉降、浮泥工程量。

**7** 工程量清单按项计列的内容必须在初步设计报告及图纸中有相应的基础资料。概算工程量计算必须同定额计算规则相一致。临时工程量内容及数量必须与施工组织设计相一致。

**8** 土方开挖按照自然方计量，土方回填按压实方计量，在套用定额时应考虑两者之间的换算系数。

**9** 根据确定的弃渣场和土、石料场地点明确相应的运距，以确定土石方开挖、回填的单价。

**10** 人工工资、税金及其他相关费率的计算执行广东省及国家相关规定。

## 15.3 设计概算成果

**15.3.1** 设计概算应包括下列表格：

**1** 总概算表。

**2** 建筑工程概算表。

**3** 设备及安装工程概算表。

**4** 临时工程概算表。

**5** 独立费用概算表。

**6** 建筑工程单价汇总表。

7 安装工程单价汇总表。

8 主要材料预算价格汇总表。

9 施工机械台班费汇总表。

10 主要工程量汇总表。

11 主要材料量汇总表。

15.3.2 设计概算应附下列附件

1 主要材料预算价格计算表。

2 混凝土材料单价分析表。

3 建筑工程单价分析表。

4 安装工程单价分析表。

5 设备询价资料。

6 勘测设计、监理等费用计算书。

7 工程量计算书。

8 编制期当地工程材料价格。

# 16 经 济 评 价

## 16.1 概 述

**16.1.1** 广东省中小河流治理工程属于社会公益性质的水利建设项目，经济评价应以国民经济评价为主，财务分析为辅。

**16.1.2** 简述建设项目的背景、任务、规模、效益、建设内容、工期、项目性质、管理机构等。

**16.1.3** 简述经济评价依据：

    **1** 《水利建设项目经济评价规范》（SL 72）。

    **2** 《国家发展改革委、建设部关于印发建设项目经评价方法与参数的通知》（发改投资〔2006〕1325号），国家发展改革委、建设部发布的《建设项目经济评价方法与参数（第三版)》。

    **3** 《已建防洪工程经济效益分析计算及评价规范》（SL 206）。

    **4** 《水土保持综合治理效益计算方法》（GB/T 15774）。

    **5** 国家现行的财税制度。

## 16.2　费　用　计　算

16.2.1　说明广东省中小河流治理工程项目费用内容，包括固定资产投资、流动资金、年运行费等。

16.2.2　固定资产投资在工程设计概算基础上按影子价格进行调整，按《水利建设项目经济评价规范》（SL 72）进行计算，国内市场价格基本反映了影子价格，影子价格换算系数可取 1.0。

16.2.3　流动资金按照年运行费的比例估算，一般可取 20%。

16.2.4　年运行费中人员工资及福利费应根据实际工程情况确定是否需要增设管理机构，依据当地有关政策及标准计算人员工资福利费，运行管理及维修护理费可按照固定资产总投资的 1%～1.5% 进行计算。

## 16.3　效　益　计　算

16.3.1　说明工程的主要效益，包括社会、经济和环境效益等，国民经济评价仅计入经济效益。

16.3.2　中小河流治理工程经济效益主要体现在防洪效益上，还包括水土保持、排涝效益等。

16.3.3　防洪效益按照工程可减免的洪灾损失进行计算，以多年平均防洪效益表示。应在洪灾损失基本资料调查与分析的基础上，按有无该项目对比可获得的直接经济效益和间接经济效益进行计算。

**16.3.4** 水土保持效益应分析水土保持工程措施实施前后的效益对比，差值为增加的效益。

**16.3.5** 排涝效益应估算提高排涝标准增加的效益。

# 16.4 国民经济评价

**16.4.1** 说明国民经济评价的原则、方法、计算参数选取等。

**16.4.2** 计算参数选取应符合下列要求：

**1** 社会折现率宜采用当前国家规定的 8%。

**2** 计算期。根据《水利建设项目经济评价规范》(SL 72) 的有关规定，结合全省中小河流治理特点，工程施工期一般为 1～2 年。中小河流治理以防洪为主，工程正常运行期计算时间为 30～50 年，经济评价计算期为施工期和运行期之和。

**3** 基准年和基准点。资金时间价值计算的基准年选在计算期第 1 年，并以第 1 年年初作为折现计算的基准点。投入的费用和产出的效益均按年末发生和结算，计算基准年选为建设期第一年年初。

**16.4.3** 计算经济净现值、经济内部收益率、经济效益费用比等国民经济指标。

**16.4.4** 选取固定资产投资和效益作为敏感因素进行国民经济评价敏感性分析。

# 16.5 财 务 分 析

**16.5.1** 中小河流治理工程是属于社会公益性质的水利

建设项目，本身无财务收益，应按照非营利性项目财务评价的要求进行财务分析。

16.5.2 提出维持项目正常运行所需要的国家补贴的资金数额和需要采取的经济优惠政策以及运行经费的来源。

## 16.6 综 合 评 价

16.6.1 概述国民经济评价和财务分析成果。

16.6.2 给出广东省中小河流治理工程经济评价方面的合理性结论。

## 16.7 附 表

16.7.1 应附费用效益流量表。

16.7.2 应附敏感性分析表和其他附表。

# 17 结论和建议

**17.0.1** 结论应简述中小河流治理工程初步设计阶段的主要结论。

**17.0.2** 建议应对中小河流治理工程下一阶段的工作提出建议。

# 附录 A

## 工 程 特 性 表

### ××市××县××河治理工程初步
### 设计阶段工程特性表

| 序号及名称 | 单位 | 数量 | 备 注 |
|---|---|---|---|
| 一、气象 | | | |
| 1. 多年平均气温 | ℃ | | |
| 2. 多年平均降水量 | mm | | |
| 3. 多年平均蒸发量 | mm | | |
| 二、水文 | | | |
| 1. 流域面积 | | | |
| 全流域 | km² | | |
| 工程地址以上 | km² | | |
| 2. 河长 | | | |
| 全流域 | km | | |
| 工程地址以上 | km | | |
| 3. 比降 | | | |
| 全流域 | ‰ | | |
| 工程地址以上 | ‰ | | |
| 4. 设计洪水 | | | |

| 序号及名称 | 单位 | 数量 | 备　注 |
|---|---|---|---|
| 　设计洪峰流量 | $m^3/s$ | | $P=5\%$ |
| 　设计洪峰流量 | $m^3/s$ | | $P=10\%$ |
| 　设计洪峰流量 | $m^3/s$ | | $P=20\%$ |
| 5.分期设计洪水 | | | |
| 　设计洪峰流量 | $m^3/s$ | | $P=10\%$ |
| 　设计洪峰流量 | $m^3/s$ | | $P=20\%$ |
| 　设计洪峰流量 | $m^3/s$ | | $P=33.3\%$ |
| 6.起推水位 | | | |
| 　起推水位 | m | | $P=5\%$ |
| 　起推水位 | m | | $P=10\%$ |
| 　起推水位 | m | | $P=20\%$ |
| 7.泥沙 | | | |
| 　多年平均悬移质年输沙量 | 万 t | | |
| 　多年平均含沙量 | $kg/m^3$ | | |
| 　多年平均推移质年输沙量 | 万 t | | |
| 三、工程规模 | | | |
| 1.防洪工程 | | | |
| 　保护面积 | $km^2$ | | |
| 　设计标准 | % | | 现标准<br>（$P=$　　%） |
| 　设计水位 | m | | 上游端—下游<br>终端水位 |
| 　设计流量 | $m^3/s$ | | |

| 序号及名称 | 单位 | 数量 | 备　注 |
|---|---|---|---|
| 河道安全泄量 | m³/s | | 现状 |
| 2. 河道整治工程 | | | |
| 治理河道长度 | km | | |
| 设计洪水标准 $P$ | ％ | | 现标准<br>（$P=$　％） |
| 设计水位 | m | | 上游端—下游<br>终端水位 |
| 设计流量 | m³/s | | |
| 3. 治涝工程 | | | |
| 治涝面积 | km² | | |
| 设计标准 $P$ | ％ | | 现标准（$P=$　％） |
| 排水流量 | m³/s | | |
| 承泄区最高水位 | m | | |
| 承泄区最低水位 | m | | |
| 4. 水生态工程 | | | |
| 新增水面面积 | m² | | |
| 新增绿地面积 | m² | | |
| 新增道路面积 | m² | | |
| 新增湿地面积 | m² | | |
| 四、工程占地和房屋拆迁 | | | |
| 1. 工程永久占用土地面积 | 亩 | | |
| 其中：耕地 | 亩 | | |
| 2. 工程临时占用土地面积 | 亩 | | |
| 其中：耕地 | 亩 | | |

续表

| 序号及名称 | 单位 | 数量 | 备 注 |
|---|---|---|---|
| 3. 青苗补偿用地面积 | 亩 | | |
| 4. 房屋拆迁面积 | m² | | |
| 5. 迁移人口 | 人 | | |
| 五、主要建筑物 | | | |
| 1. 挡水建筑物（堤防、护岸、陂头） | | | |
| 型式 | | | |
| 地基特性 | | | |
| 工程场地地震动参数 | g | | |
| 地震基本烈度 | | | |
| 抗震设计烈度 | | | |
| 顶部高程（堤防、护岸、陂头） | m | | |
| 最大高度（堤防、护岸、陂头） | m | | |
| 顶部长度（堤防、护岸、陂头） | m | | |
| 2. 泄水建筑物（排涝涵、闸） | | | |
| 型式 | | | |
| 地基特性 | | | |
| 底板高程 | m | | |
| 设计泄流流量 | m³/s | | |
| 3. 引水建筑物（引水涵、闸） | | | |
| 设计引用流量 | m³/s | | |
| 进水口底槛高程 | m | | |
| 引水型式 | | | |
| 长度 | m | | |
| 断面尺寸 | m | | |

| 序号及名称 | | 单位 | 数量 | 备　注 |
|---|---|---|---|---|
| 4. 其他建筑物 | | | | |
| 六、施工 | | | | |
| 1. 施工总工期 | | 月 | | |
| 2. 主体工程数量 | | | | |
| 明挖 | 土方 | 万 m³ | | |
| | 石方 | 万 m³ | | |
| 填筑 | 土方 | 万 m³ | | |
| | 石方 | 万 m³ | | |
| 干砌石方 | | 万 m³ | | |
| 浆砌石方 | | 万 m³ | | |
| 混凝土和钢筋混凝土 | | 万 m³ | | |
| 金属结构安装 | | t | | |
| 模板 | | 万 m² | | |
| 3. 主要建筑材料数量 | | | | |
| 水泥 | | t | | |
| 柴油 | | t | | |
| 块石 | | m³ | | |
| 碎石 | | m³ | | |
| 砂 | | m³ | | |
| 钢材 | | t | | 钢材含钢筋、锚筋、锚杆 |
| 4. 施工动力及来源 | | | | |
| 供电 | | kW | | 说明电源 |
| 5. 对外交通 | | | | |

| 序号及名称 | 单位 | 数量 | 备　注 |
|---|---|---|---|
| 距离 | km | | |
| 6. 施工导流（标准、方式、建筑物） | | | |
| 七、设计概算 | | | |
| 概算总投资 | 万元 | | |
| 其中：建筑工程 | 万元 | | |
| 机电设备及安装工程 | 万元 | | |
| 金属结构设备及安装工程 | 万元 | | |
| 设备购置费 | 万元 | | |
| 临时工程 | 万元 | | |
| 独立费用 | 万元 | | |
| 基本预备费 | 万元 | | |
| 水土保持设计投资 | 万元 | | |
| 环境保护设计投资 | 万元 | | |
| 征地拆迁补偿投资 | 万元 | | |
| 八、经济评价 | | | |
| 经济内部收益率 | % | | |
| 经济净现值（$I_s = 8\%$） | 万元 | | |
| 经济效益费用比（$I_s = 8\%$） | | | |

# 河道水面线计算

**B.0.1** 河道水面线计算应符合下列要求：

**1** 河道水面线计算应对河道进行分段，河段内各水力要素无大的变化，两端断面宜选在无回流的渐变流断面。

**2** 计算断面间距宜在 50～200m 范围内选取，计算断面间距在比降较大河段宜取小值，比降较小河段可取大值。对水力要素、河道特性、河床组成变化急剧及有水工建筑物的河段，断面应适当加密。

**3** 对河段内存在的拦河、临河、跨河建（构）筑物，应进行过流能力和壅水计算。

**4** 对比较复杂和特别重要的河段，宜进行数学模型分析或河工模型试验研究。

**B.0.2** 河道水面线计算可采用水流能量方程或圣维南方程组，合理选择计算软件。河网区河道水面线宜采用河网水动力数学模型推求。

水流能量方程：

$$Z_2 + \frac{\alpha_2 v_2^2}{2g} = Z_1 + \frac{\alpha_1 v_1^2}{2g} + h_f + h_j$$

$$(B.0.2-1)$$

式中　$Z_1$、$Z_2$——下断面和上断面的水位高程；

$\dfrac{\alpha_1 v_1^2}{2g}$、$\dfrac{\alpha_2 v_2^2}{2g}$——下断面和上断面的流速水头；

$h_f$、$h_j$——下断面和上断面之间的沿程水头损失和局部水头损失。

圣维南方程组：

$$\begin{cases} \dfrac{\partial A}{\partial t}+\dfrac{\partial Q}{\partial x}=q \\[2mm] \dfrac{\partial Q}{\partial t}+\dfrac{\partial}{\partial x}\left(\alpha\,\dfrac{Q^2}{A}\right)+gA\,\dfrac{\partial h}{\partial x}+g\,\dfrac{\mid Q\mid Q}{C^2 AR}=0 \end{cases}$$

$$(B.0.2-2)$$

式中　$x$、$t$——距离和时间的坐标；

　　　　$A$——过水断面面积；

　　　　$Q$——流量；

　　　　$h$——水位；

　　　　$q$——旁侧入流流量；

　　　　$C$——谢才系数；

　　　　$R$——水力半径；

　　　　$\alpha$——动量校正系数；

　　　　$g$——重力加速度。

B.0.3　对于干支流、河湖等洪涝水相互顶托的河段或潮汐河口段，应研究洪涝水组合、干支流洪水遭遇、洪潮遭遇等规律，并应根据设计条件推算不同组合情况的水面线。

B.0.4　计算的初始条件、边界条件应根据计算河段的实际情况或设计要求合理确定。

B. 0. 5 河道糙率应采用新的实测河道地形资料和水文资料进行率定，无实测资料时，可按《河道整治设计规范》（GB 50707）确定。

B. 0. 6 河道水面线计算成果应结合历史洪痕调查成果进行分析，合理确定设计水面线。

# 附录 C

## 冲刷深度计算

C.0.1 冲刷深度计算应符合《堤防工程设计规范》（GB 50286）附录 D 的有关规定。

C.0.2 丁坝冲刷深度计算应符合下列要求：

1 丁坝冲刷深度与水流、河床组成、丁坝形状与尺寸以及所处河段的具体位置等因素有关，其冲刷深度计算公式应根据水流条件、河床边界条件以及观测资料分析、验证选用。

2 非淹没丁坝冲刷深度可按下列公式计算：

$$\frac{h_s}{H_0} = 2.80 \kappa_1 \kappa_2 \kappa_3 \left( \frac{U_m - U_c}{\sqrt{gH_0}} \right)^{0.75} \left( \frac{L_D}{H_0} \right)^{0.08}$$

$$\text{(C.0.2-1)}$$

$$\kappa_1 = \left( \frac{\theta}{90} \right)^{0.246} \qquad \text{(C.0.2-2)}$$

$$\kappa_3 = e^{-0.07m} \qquad \text{(C.0.2-3)}$$

$$U_m = \left( 1.0 + 4.8 \frac{L_D}{B} \right) U \qquad \text{(C.0.2-4)}$$

$$U_c = \left( \frac{U_0}{d_{50}} \right)^{0.14} \sqrt{17.6 \frac{\gamma_s - \gamma}{\gamma} d_{50} + 0.000000605 \frac{10 + H_0}{d_{50}^{0.72}}}$$

$$\text{(C.0.2-5)}$$

$$U_c = 1.08 \sqrt{g d_{50} \frac{\gamma_s - \gamma}{\gamma}} \left( \frac{H_0}{d_{50}} \right)^{\frac{1}{7}} \quad (C.0.2-6)$$

式中　　$h_s$——冲刷深度，m；

$\kappa_1$、$\kappa_2$、$\kappa_3$——丁坝与水流方向的交角 $\theta$、守护段的平面形状及丁坝坝头的坡比对冲刷深度影响的修正系数，位于弯曲河段凹岸的单丁坝，$\kappa_2 = 1.34$；位于过渡段或顺直段的单丁坝，$\kappa_2 = 1.00$；

　　$m$——丁坝坝头坡率；

　　$U_m$——坝头最大流速，m/s；

　　$U$——行近流速，m/s；

　　$L_D$——丁坝的有效长度，m；

　　$B$——河宽，m；

　　$U_c$——泥沙起动流速，m/s，对于黏性与砂质河床可采用张瑞瑾公式（C.0.2-5）计算；

　　$d_{50}$——床沙的中值粒径，m；

　　$H_0$——行近水流水深，m；

$\gamma_s$、$\gamma$——泥沙与水的容重，kN/m$^3$；

　　$g$——重力加速度，m/s$^2$。

**3**　对于卵石的起动流速，可采用长江学院的起动公式（C.0.2-6）计算。

**C.0.3**　顺坝及平顺护岸冲刷深度可按下列公式计算：

$$h_s = H_0 \left[ \left( \frac{U_{cp}}{U_c} \right)^n - 1 \right] \quad (C.0.3-1)$$

$$U_{cp} = U \frac{2\eta}{1+\eta} \quad (C.0.3-2)$$

式中 $h_s$——局部冲刷深度，m；

$H_0$——冲刷处的水深，m；

$U_{cp}$——近岸垂线平均流速，m/s；

$n$——与防护岸坡在平面上的形状有关，取 $n=$ $1/4 \sim 1/6$；

$\eta$——水流流速不均匀系数，根据水流流向与岸坡交角 $\alpha$ 查表 C.0.3 采用。

表 C.0.3　　　　水流流速不均匀系数

| $\alpha/(°)$ | $\leqslant 15$ | 20 | 30 | 40 | 50 | 60 | 70 | 80 | 90 |
|---|---|---|---|---|---|---|---|---|---|
| $\eta$ | 1.00 | 1.25 | 1.50 | 1.75 | 2.00 | 2.25 | 2.50 | 2.75 | 3.00 |

C.0.4　水流斜冲防护工程产生的冲刷深度可按下列公式计算：

$$\Delta h_p = \frac{23\left(\tan\frac{\alpha}{2}\right)V_j^2}{\sqrt{1+m^2} \times g} - 30d \quad (C.0.4-1)$$

式中　$\Delta h_p$——从河底算起的局部冲深，m；

$\alpha$——水流流向与岸坡交角，(°)；

$m$——防护建筑物迎水面边坡系数；

$d$——坡角处土壤计算粒径，m；

$V_j$——水流的局部冲刷流速，m/s。

其中，对滩地河床，$V_j$ 按下式计算：

$$V_j = \frac{Q_1}{B_1 H_1} \times \frac{2\eta}{1+\eta} \quad (C.0.4-2)$$

式中　$B_1$——河滩宽度，从河槽边缘至坡脚距离，m；

$Q_1$——通过河滩部分的设计流量，$m^3/s$；

$H_1$——河滩水深，m。

无滩地河床，$V_j$ 按下式计算：

$$V_j = \frac{Q}{W - W_p} \qquad (C.0.4-3)$$

式中　$Q$——设计流量，$m^3/s$；

　　　$W$——原河道过水断面面积，$m^2$；

　　　$W_p$——河道缩窄部分的断面面积，$m^2$。

附录 D

# 稳定与沉降计算

## D.1 渗流及渗透稳定计算

**D.1.1** 堤防应进行渗流及渗透稳定计算，计算求得渗流场内的水头、压力、比降、渗流量等水力要素，应进行渗透稳定分析，并应选取经济合理的防渗、排水设计方案或加固补强方案。

**D.1.2** 土堤渗流计算断面应具有代表性，并应进行下列计算，计算应符合《堤防工程设计规范》（GB 50286）的有关规定，计算内容如下：

**1** 应核算在设计洪水位或设计高潮持续时间内浸润线的位置，当在背水侧堤坡逸出时，应计算出逸点的位置、逸出段与背水侧堤基表面的出逸比降。

**2** 当堤身或堤基土渗透系数大于或等于 $10^{-3} \mathrm{cm/s}$ 时，应计算渗流量。

**3** 应计算洪水或潮水水位降落时临水侧堤身内的自由水位。

**D.1.3** 河、湖的堤防渗流计算应计算下列水位的组合：

**1** 临水侧为设计洪水位，背水侧为相应水位。

**2** 临水侧为设计洪水位，背水侧为低水位或无水。

**3** 洪水降落时对临水侧堤坡稳定最不利的情况。

D.1.4 感潮河流河口段的堤防渗流计算应计算下列水位的组合：

**1** 以设计潮水位或台风期大潮平均高潮位作为临水侧水位，背水侧为相应水位、低水位或无水等情况。

**2** 以大潮平均高潮位计算渗流浸润线。

**3** 以平均潮位计算渗流量。

**4** 潮位降落时对临水侧堤坡稳定最不利的情况。

D.1.5 进行渗流计算时，对比较复杂的地基可作适当简化，并应符合下列规定：

**1** 对于渗透系数相差 5 倍以内的相邻薄土层可视为一层，采用加权平均的渗透系数作为计算依据。

**2** 双层结构地基，当下卧土层的渗透系数比上层土层的渗透系数小 100 倍及以上时，可将下卧土层视为不透水层；表层为弱透水层时，可按双层地基计算。

**3** 当直接与堤底连接的地基土层的渗透系数比堤身的渗透系数大 100 倍及以上时，可视为堤身不透水，可仅对堤基进行渗透计算。

D.1.6 渗透稳定应进行以下判断和计算：

**1** 土的渗透变形类型。

**2** 堤身和堤基土体的渗透稳定。

**3** 堤防背水侧渗流出逸段的渗透稳定。

D.1.7 土的渗透变形类型的判定，应按《水利水电工程地质勘察规范》（GB 50287）的有关规定执行。

D. 1. 8　背水侧堤坡及地基表面逸出段的渗流比降应小于允许坡降；当出逸比降大于允许比降时，应采取反滤、压重等保护措施。

D. 1. 9　防止渗透变形的允许水力比降应以土的临界比降除以安全系数确定，无黏性土的安全系数应为 1.5～2.0，黏性土的安全系数不应小于 2.0。无试验资料时，对于渗流出口无滤层的情况，无黏性土的允许水力比降可按表 D. 1. 9 选用，有滤层的情况可适当提高，特别重要的堤段，其允许水力比降应根据试验的临界比降确定。

**表 D. 1. 9　无黏性土渗流出口的允许水力比降**

| 渗透变形形式 | 流土型 | | | 过渡型 | 管涌型 | |
|---|---|---|---|---|---|---|
| | $C_u \leqslant 3$ | $3 < C_u \leqslant 5$ | $C_u > 5$ | | 级配连续 | 级配不连续 |
| 允许水力比降 | 0.25～0.35 | 0.35～0.50 | 0.50～0.80 | 0.25～0.40 | 0.15～0.25 | 0.10～0.15 |

注：$C_u$ 为土的不均匀系数。

D. 1. 10　黏性土流土型临界水力比降宜按公式（D. 1. 10）计算。其允许比降应以土的临界水力比降除以安全系数确定，安全系数宜不小于 2.0。

$$J_{cr} = (G_s - 1)(1 - n) \qquad (D. 1. 10)$$

式中　$J_{cr}$——土的临界水力比降；

　　　$G_s$——土粒比重；

　　　$n$——土的孔隙率，%。

## D.2 抗滑及抗倾稳定计算

D.2.1 堤防工程设计应根据不同堤段的防洪任务、工程级别、地形地质条件，结合堤身的结构形式、高度、填筑材料、河道清淤范围及深度等因素，选择有代表性的断面进行抗滑和抗倾稳定计算。

D.2.2 堤防抗滑稳定计算可分为正常运用条件和非常运用条件。计算内容应符合表 D.2.2 的规定。

表 D.2.2　　　　堤防抗滑稳定计算内容

| 计算工况 | | 计 算 内 容 |
|---|---|---|
| 正常运用条件 | | 设计洪（潮）水位下的稳定渗流期或不稳定渗流期的背水侧堤坡；<br>设计洪（潮）水位骤降期的临水侧堤坡；<br>设计低水（潮）位的临水侧堤坡 |
| 非常运用条件 | 非常运用条件Ⅰ | 施工期的临水、背水侧堤坡 |
| | 非常运用条件Ⅱ | 多年平均水（潮）位时遭遇地震的临水、背水侧堤坡<br>其他稀遇荷载的临水、背水侧堤坡 |

D.2.3 多雨地区的土堤应根据填筑土的渗透和堤坡防护条件，核算长期降雨期堤坡的抗滑稳定性，其安全系数可按非常运用条件Ⅰ采用。

D.2.4 土堤抗滑稳定计算可采用瑞典圆弧法或简化毕肖普法。当堤基存在较薄软弱土层时，宜采用改良圆弧法。土的抗剪强度参数、土堤的抗滑稳定计算应符合

《堤防工程设计规范》（GB 50286）的规定，其抗滑稳定的安全系数不应小于表 D.2.4 的规定。

表 D.2.4    土堤边坡抗滑稳定安全系数

| 堤防工程的级别 | | | 1 级 | 2 级 | 3 级 | 4 级 | 5 级 |
|---|---|---|---|---|---|---|---|
| 安全系数 | 瑞典圆弧法 | 正常运用条件 | 1.30 | 1.25 | 1.20 | 1.15 | 1.10 |
| | | 非常运用条件 I | 1.20 | 1.15 | 1.10 | 1.05 | 1.05 |
| | | 非常运用条件 II | 1.10 | 1.05 | 1.05 | 1.00 | 1.00 |
| | 简化毕肖普法 | 正常运用条件 | 1.50 | 1.35 | 1.30 | 1.25 | 1.20 |
| | | 非常运用条件 I | 1.30 | 1.25 | 1.20 | 1.15 | 1.10 |
| | | 非常运用条件 II | 1.20 | 1.15 | 1.15 | 1.10 | 1.05 |

D.2.5　软弱地基上土堤的抗滑稳定安全系数，当难以达到规定数值时，经过论证，并报行业主管部门批准后，可适当降低。

D.2.6　作用在防洪（浪）墙上的荷载可分为基本荷载和特殊荷载。基本荷载应包括自重、设计洪（潮）水位或多年平均水（潮）位时的静水压力、扬压力及风浪压力、土压力以及其他出现机会较多的荷载；特殊荷载应包括地震荷载以及其他稀遇荷载。

D.2.7　防洪（浪）墙设计的荷载组合可分为正常运用条件和非常运用条件。正常运用条件应由基本荷载组合；非常运用条件应由基本荷载和一种或几种特殊荷载组合；应根据各种荷载同时出现的可能性，选择不利的情况进行计算，计算内容应符合表 D.2.7 的规定。

表 D. 2. 7  防洪（浪）墙抗倾、沿基底面的
抗滑稳定计算内容

| 计算工况 | | 计 算 内 容 |
|---|---|---|
| 正常运用条件 | | 设计低（潮）水位时向临水侧的抗倾、抗滑；<br>设计洪（潮）水位骤降时向临水侧的抗倾、抗滑；<br>设计洪（潮）水位时向背水侧的抗倾、抗滑 |
| 非常运用条件 | 非常运用条件 Ⅰ | 施工期低（潮）水位或无水时向临水侧的抗倾、抗滑 |
| | 非常运用条件 Ⅱ | 多年平均水（潮）位遭遇地震时向临水侧的抗倾、抗滑 |

D. 2. 8  防洪（浪）墙的抗滑和抗倾覆稳定安全系数计算应符合《堤防工程设计规范》（GB 50286）的规定。

D. 2. 9  防洪（浪）墙沿基底面的抗滑稳定安全系数不应小于表 D. 2. 9 的规定。岩基上防洪（浪）墙采用抗剪断公式计算抗滑稳定时，防洪（浪）墙沿基底面的抗滑稳定安全系数正常运用条件不应小于 3.00，非常运用条件 Ⅰ 不应小于 2.50，非常运用条件 Ⅱ 不应小于 2.30。

表 D. 2. 9  防洪（浪）墙沿基底面的抗滑
稳定安全系数

| 地基性质 | | 岩　基 | | | | 土　基 | | | |
|---|---|---|---|---|---|---|---|---|---|
| 堤防工程级别 | | 1 | 2 | 3 | 4、5 | 1 | 2 | 3 | 4、5 |
| 安全系数 | 正常运用条件 | 1.15 | 1.10 | 1.08 | 1.05 | 1.35 | 1.30 | 1.25 | 1.20 |
| | 非常运用条件 Ⅰ | 1.05 | 1.05 | 1.03 | 1.00 | 1.20 | 1.15 | 1.10 | 1.05 |
| | 非常运用条件 Ⅱ | 1.03 | 1.03 | 1.00 | 1.00 | 1.10 | 1.05 | 1.05 | 1.00 |

**D.2.10** 岩基上防洪（浪）墙抗倾覆稳定安全系数不应小于表 D.2.10 的规定。

**表 D.2.10 岩基上防洪（浪）墙抗倾覆稳定安全系数**

| 防堤工程的级别 | | 1 | 2 | 3 | 4 | 5 |
|---|---|---|---|---|---|---|
| 安全系数 | 正常运用条件 | 1.60 | 1.55 | 1.50 | 1.45 | 1.40 |
| | 非常运用条件 I | 1.50 | 1.45 | 1.40 | 1.35 | 1.30 |
| | 非常运用条件 II | 1.40 | 1.35 | 1.30 | 1.25 | 1.20 |

**D.2.11** 防洪（浪）墙在各种荷载组合的条件下，基底的最大压应力应小于地基的允许承载力。土基上防洪（浪）墙基底压应力的最大值和最小值之比，不应大于表 D.2.11 规定的允许值。

**表 D.2.11 土基上防洪（浪）墙基底压应力的最大值
与最小值之比的允许值**

| 地基土质 | 荷载组合 | |
|---|---|---|
| | 基本组合 | 特殊组合 |
| 松软 | 1.50 | 2.00 |
| 中等坚实 | 2.00 | 2.50 |
| 坚实 | 2.50 | 3.00 |

**D.2.12** 岩基上的防洪（浪）墙基底不应出现拉应力。土基上的防洪（浪）墙除应计算堤身或沿基底面的抗滑稳定性外，还应核算堤身和堤基整体的抗滑稳定性。

## D.3 沉降计算

**D.3.1** 1 级～3 级堤防应进行沉降计算。新建堤防应计算整个堤身荷载引起的沉降，旧堤加固的沉降计算应结合旧堤地基固结程度与新增荷载一并考虑。

D. 3. 2　沉降计算应包括堤顶中心线处堤身和堤基的最终沉降量和工后沉降，并对计算结果按地区经验加以修正。对地质、荷载变化较大或不同地基处理形式的交界面等沉降敏感区尚应计算交界面的沉降及沉降差。

D. 3. 3　根据堤基的地质条件、土层的压缩性、堤身的断面尺寸、地基处理方法及荷载情况等，可将堤防分为若干段，每段选取代表性断面进行沉降计算。

D. 3. 4　为了简化计算，取用多年平均水（潮）位时的工况作为荷载计算条件。

D. 3. 5　堤身和堤基的最终沉降量可按式（D. 3. 5）计算。若填筑速度较快，堤身荷载接近极限承载力时，地基产生较大的侧向变形和非线性沉降，其最终沉降计算应考虑变形参数的非线性进行专题研究。

$$S = m \sum_{i=1}^{n} \frac{e_{1i} - e_{2i}}{1 + e_{1i}} h_i \qquad \text{(D. 3. 5)}$$

式中　$S$——最终沉降量，mm；

$n$——压缩层范围的土层数；

$e_{1i}$——第 $i$ 土层在平均自重和平均附加固结应力作用下的孔隙比；

$e_{2i}$——第 $i$ 土层在平均自重和平均附加应力共同作用下的孔隙比；

$h_i$——第 $i$ 土层的厚度，mm；

$m$——修正系数，可取 1. 0，软土堤基可采用 1. 3～1. 6，堤身较高、堤基土较软弱时取较大值，否则取较小值。

D.3.6　堤基压缩层的计算厚度，可按式（D.3.6）确定：

$$\frac{\sigma_z}{\sigma_B} \leqslant 0.2 \qquad (D.3.6)$$

式中　$\sigma_B$——堤基计算层面处土的自重应力，kPa；

$\sigma_z$——堤基计算层面处土的附加应力，kPa。

D.3.7　实际压缩层的厚度小于公式（D.3.6）的计算值时，可按实际压缩层的厚度计算其沉降量。

D.3.8　软土地基工后沉降应结合固结计算和类似工程经验等综合分析确定。

## 附录 E

# 堤防典型断面型式

E.0.1 河道堤防按照断面形状可分为天然型式护岸、斜坡式、复合式、直立式四种。

**1** 天然型式护岸包括天然岸坡和按照河道天然形态进行修整护砌的岸坡。

**2** 斜坡式堤防一般用在乡村河段。

**3** 复合式地方多用在城镇或有景观需求的河段，方便设置亲水平台及结合园林建设等。

**4** 直立式堤防一般用在土地使用紧张的平原河段和城镇区河段。

E.0.2 斜坡式堤防：

**1** 斜坡式堤防断面结构简单，在满足泄洪要求的基础上由于坡度较缓，有利于两栖动物的生存繁衍和保护河道的生态多样性。

**2** 按材料可分为自然土质岸坡和人工岸坡。斜坡式堤防的人工护坡可选择的方式和材料较多，一般有植物护坡、黏土草皮护坡、框格（拱圈）草皮护坡、干砌块石（卵石）护坡、浆砌块石（卵石）护坡、混凝土（混凝土预制块）护坡、多孔（生态）混凝土护坡、连锁块护坡、雷诺护垫、生态袋护坡、土工格室（巢式）护坡等。

　　**3**　斜坡式堤防可分为缓坡式断面（图 E.0.2-1）、陡坡式断面（图 E.0.2-2）。陡坡式堤岸应在河道岸坡土质较好时采用，护坡亦应尽量选取干砌石、浆砌石、生态格网等强度和稳定性较好的材料，确保岸坡稳定安全。

图 E.0.2-1　斜坡式堤防（缓坡式断面）

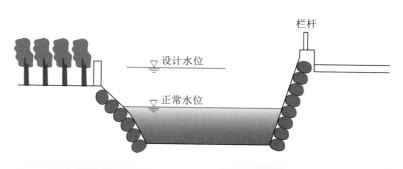

图 E.0.2-2　斜坡式堤防（陡坡式断面）

**E.0.3**　复合式堤防：

　　**1**　河道上下部采用不同的断面坡度，下部注重防洪，上部满足生态及景观要求，在变坡处设置道路。可根据不同的地形、地势，考虑上下部不同坡度，加强河道的景观效果。

**2** 根据上下边坡的不同，可分为四种型式：上缓下陡式断面（图 E.0.3-1）、上缓下缓式断面（图 E.0.3-2）、上陡下缓式断面（图 E.0.3-3）、上陡下陡式断面（图 E.0.3-4）。

图 E.0.3-1 复合式堤防（上缓下陡式断面）

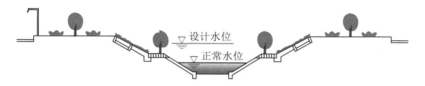

图 E.0.3-2 复合式堤防（上缓下缓式断面）

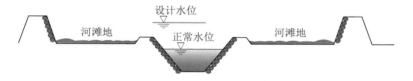

图 E.0.3-3 复合式堤防（上陡下缓式断面）

图 E.0.3-4 复合式堤防（上陡下陡式断面）

E.0.4 直立式堤防：

**1** 受地形条件或已有建筑物限制、拆迁量大的河段的堤防，可采用直立式（图 E.0.4）。直立式挡墙高度不宜超过 2.5m，并可通过垂直绿化、选用透水透气材料等措施，为水生生物、陆生生物和两栖生物的生存繁育创造条件。

**2** 适用条件：人口密集，两岸空间狭小。

**3** 直立式堤防多采用混凝土、浆砌石、埋石混凝土、干砌石（高度较小）等结构。

**4** 不宜大规模、大范围使用，只在迎流顶冲段或局部紧张位置使用。

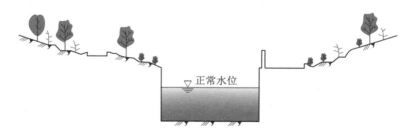

图 E.0.4 直立式堤防

E.0.5 河道堤防设计时，优先采用天然型式护岸、斜坡式堤防，用地紧张的河段可采用复合式、直立式堤防。

# 附录 F

## 常用生态护岸技术

### F.1 一 般 规 定

**F.1.1** 生态护岸技术是一种利用植物或者植物与工程措施相结合的，既能有效减小水流和波浪对岸坡基土的冲蚀和淘刷，又能美化造景、维护生态环境的新型护岸形式。

**F.1.2** 生态护岸的功能主要包括防洪安全、固土护坡、水土保持、缓冲过滤、净化水质、生态修复、改善环境、美化景观等。

**F.1.3** 生态护岸工程设计目标应在满足人类需求的前提下，使工程措施对河流的生态系统冲击最小化，不仅对水流的流量、流速、冲淤平衡、环境外观等影响最小，还要创造适于动物栖息及植物生长、微生物生存所需要的多样性生境。

**F.1.4** 生态护岸工程设计应遵循岸坡稳定、行洪通畅、材质自然、透气透水、投资节省等原则。

**F.1.5** 常用生态护岸技术主要包括植物护岸、土工材料复合种植基护岸、绿化混凝土护岸、格宾石笼护岸、机械化叠石护岸、生态浆砌石护岸、多孔预制混凝土块体护岸、自嵌式挡墙护岸、水保植生毯护岸、松木桩护岸等型式。

## F.2 植物护岸

F.2.1　植物护岸技术是一种完全依靠植物进行河道岸坡保护的技术，通过有计划地种植植物，利用其根系锚固加筋的力学效应和茎叶截留降雨、削弱溅蚀、抑制地表径流的水文效应，消浪促淤、减小水土流失、固滩护岸的堤岸防护技术。

F.2.2　植物护岸主要优点如下：

　　**1**　对河流生态环境影响小，有利于维护河流健康，生态环保效果好。

　　**2**　在固土护岸的同时，兼具景观造景的功能。

　　**3**　促进有机物降解，改善水质，净化空气，调解小气候。

　　**4**　节省工程材料和人力，低碳节能，环境负荷小。

　　**5**　节省投资，造价低。

　　**6**　植物护岸具有自我适应、自我修复的能力，管理维护成本低。

F.2.3　植物护岸对堤岸的抗冲刷保护能力较弱，适宜用于河道较缓、流速较小的堤岸。

F.2.4　护岸植物设计的总原则是建立符合立地条件、满足立地要求、协调周围环境的植被群落，根据生态学原理，充分考虑河道特点和植物的生态学特性。植物种类的选择应考虑河道类型、功能、河段和坡位等因素进行，并遵循下列原则：

    **1**  确保河道主导功能正常发挥原则。

    **2**  生态适应性和生态功能优先原则。

    **3**  物种多样性和乡土植物为主原则。

    **4**  景观性原则。

    **5**  经济适用性原则。

**F.2.5**  植物护岸的效果如图 F.2.5 所示。

图 F.2.5　植物护岸实景

## F.3　土工材料复合种植基护岸

**F.3.1**  土工材料复合种植基护岸由土工合成材料、种植土和植被三部分组成，利用土工合成材料固土护岸，并在其中复合种植植物或自然生长形成植物护岸，实现保护河流堤岸的目的。

**F.3.2**  土工材料复合种植基护岸既有植物护岸生态自

然、美化造景、节能环保、经济节省、自修复、少维护等优点，土工合成材料又能有效提高堤岸稳定性和抗冲刷能力。在工程初期、植被形成前、土工合成材料对堤岸防护起主要作用。

F.3.3　土工材料复合种植基护岸抗暴雨冲刷能力优于植物护岸，但总体仍然较弱，适宜用于河道较缓、流速较小的堤岸，且不宜用于常水位以下。

F.3.4　常用土工合成材料包括土工袋、土工格室、土工网垫和土工格栅等。

F.3.5　土工材料复合种植基护岸的效果如图 F.3.5 所示。

（a）土工袋复合种植基护岸
（左侧为刚施工完成的状况，右侧为植被长成后的状况）

（b）土工格室复合种植基护岸
（左侧为刚施工完成的状况，右侧为植被长成后的状况）

图 F.3.5（一）　土工材料复合种植基护岸实景

（c）土工网垫复合种植基护岸

图 F.3.5（二） 土工材料复合种植基护岸实景

## F.4 绿化混凝土护岸

F.4.1 绿化混凝土护岸是一种通过水泥浆体黏结粗骨料，依靠天然成孔或人工预留孔洞得到无砂大孔混凝土基体，并在孔洞中填充种植土、种子、缓释肥料等，创造适合植物生长的环境，形成植被的河道护岸技术。

F.4.2 绿化混凝土护岸融合混凝土护岸和植物护岸的特性和优点，既具有混凝土护岸安全可靠和抗冲耐磨等优点，又具有植物护岸生物适应性好、削污净水、生态友好、美化造景和休闲娱乐等特性，具有"护岸不见岸"的隐形效果。

F.4.3 绿化混凝土护岸抗冲刷能力较强，适用于水流速度较快、堤岸较陡、防冲要求较高的河道堤岸。

F.4.4 绿化混凝土设计强度等级应不低于 C5，孔隙率不小于 25%、护岸厚度 100～150mm。

F.4.5 绿化混凝土护岸的效果如图 F.4.5 所示。

图 F.4.5 绿化混凝土护岸实景

(左侧为刚施工完成的状况，右侧为植被长成后的状况)

## F.5 格宾石笼护岸

F.5.1 格宾石笼护岸是一种由高强度、高防腐的钢丝编织成网片，再组合成网箱，然后在网箱内填充块体材料，表面覆土绿化或植物插条而成的新型生态护岸技术。

F.5.2 格宾石笼护岸具有柔韧、抗冲耐磨、防锈、抗老化、耐腐蚀等特点，具有以下优点：

　　**1** 多孔隙，透水透气，环境友好，适合水生动物栖息和植物生长。

　　**2** 结构柔韧性好，适应河床变形能力强。

　　**3** 具有较好的抗冲护岸能力。

　　**4** 可水下施工，便于施工、修复、加固。

　　**5** 就地取材，经济合理。

F.5.3 格宾石笼护岸适用于水流速度较高、冲蚀较严重的河道护岸工程，高度不宜高于 2m。

F.5.4 格宾石笼护岸以块石、卵石或废弃混凝土块作为主要填充材料，在块石和卵石料源丰富的地区更适用。

F.5.5 格宾石笼护岸的效果如图 F.5.5 所示。

图 F.5.5 格宾石笼护岸实景

## F.6 机械化叠石护岸

F.6.1 机械化叠石护岸是一种依靠块石自身重量及交错咬合形成的综合摩擦力来保证自身稳定、抵抗水土压力的新型生态护岸技术。

F.6.2 机械化叠石护岸为柔性护岸，变形适应能力强，施工简便快速，投资较少，外观自然，与周围环境浑然一体，生态适应性强，景观效果好。

F.6.3 护岸叠石单块宜不小于 300kg，厚度宜不小于 400mm，上下错位，垫砌稳固。

F.6.4 机械化叠石护岸适用于石材资源丰富、水流速度较小、抗冲要求不高的河流护岸及造景。

F.6.5 机械化叠石护岸的效果如图 F.6.5 所示。

图 F.6.5 机械化叠石护岸实景

## F.7 生态浆砌石护岸

F.7.1 生态浆砌石护岸是一种临河表面干砌内部浆砌块（卵）石，依靠砌筑的块（卵）石交错咬合的摩擦力和内部砂浆的黏结作用保持整体稳定性、抵抗水土压力的新型生态护岸技术。

F.7.2 生态浆砌石护岸既具有传统浆砌石抗冲耐磨、整体稳固的护岸能力，又外观自然，存在连通孔洞，可为水生生物提供栖息、繁衍的场所，生态适应性强等优点，但工序较传统浆砌石复杂，造价较高。

F.7.3 生态浆砌石护岸适用于水流速度较快、抗冲要求较高、生态适应性和景观效果要求较高的河道护岸。

F.7.4　生态浆砌石砌筑砂浆强度等级应不小于 M7.5，石料应大面朝下，采用坐浆法分层卧砌，上下错缝，内外搭砌，稳定牢固，严禁出现通缝、叠砌和浮塞。

F.7.5　生态浆砌石护岸的效果如图 F.7.5 所示。

图 F.7.5　生态浆砌石护岸实景

## F.8　多孔预制混凝土块体护岸

F.8.1　多孔预制混凝土块体护岸是一种采用混凝土预制块体干砌，依靠块体之间相互的嵌入自锁或自重咬合等方式形成多孔洞的整体性结构，孔洞中可填土种植或自然生长形成植被的新型生态护岸技术。

F.8.2　多孔预制混凝土块体护岸结合了混凝土护岸和植物护岸的优点，既抗冲耐磨、稳定牢固，又具有自然绿化、生物适宜、景致怡人的生态特性。

F.8.3　多孔预制混凝土块体护岸适用于水流速度较大、抗冲要求较高、生态和景观要求较高的河道。

F.8.4　多孔预制混凝土块体设计强度等级应不小于 C20。

F.8.5　多孔预制混凝土块体护岸的效果如图 F.8.5 所示。

图 F.8.5　多孔预制混凝土块体护岸实景
（左侧为刚施工完成的状况，右侧为植被长成后的状况）

## F.9　自嵌式预制混凝土块体挡墙

F.9.1　自嵌式预制混凝土块体挡墙是一种采用混凝土预制块体干砌，块体之间相互嵌入形成自锁，依靠墙体重力保持稳定，墙体与墙后填土之间可设置土工格栅提高墙体的稳定性，结构预留孔洞，孔洞中可种植或自然生长形成绿化植被的新型生态护岸技术。

F.9.2　自嵌式预制混凝土块体挡墙为柔性护岸，适应地基变形能力较好，便于植物生长，外观自然，生态和视觉效果较好。

F.9.3　自嵌式预制混凝土块体挡墙适用于生态和景观要求较高、水流速度较小的河道，造价较高。

F.9.4　自嵌式预制混凝土块体设计强度等级应不小于C20，墙后应设置土工布反滤。

F.9.5　自嵌式预制混凝土块体挡墙护岸的效果如图F.9.5所示。

图 F.9.5　自嵌式预制混凝土块体挡墙护岸实景
（左侧为刚施工完成的状况，右侧为植被长成后的状况）

## F.10　水保植生毯护岸

F.10.1　水保植生毯是将种子、肥料等生长基材与纤维网、生态布整体粘合在一起，用专用大头钉固定在土壤或风化岩石边坡表面，先期通过纤维网、生态布达到防止水土流失的目的，在植物生长后，通过植被和根系起到防冲刷、护岸的作用。

F.10.2　水保植生毯生长基材与纤维网、生态布三层结构用无毒胶水整体粘合在一起，草种、肥料粘合均匀，施工中不易脱漏，可以在工厂进行标准化生产，确保产品质量同一性，保证植物发芽率。

F.10.3　水保植生毯的草种选择灵活，适应各地区不同的气候生长条件。含有特殊的土壤改良剂及保水剂，改善了植物生长环境，降低了后期养护费用。

F.10.4　水保植生毯产品质量轻，易于操作，施工简便，比传统护岸技术节省工期。

F.10.5　水保植生毯护岸的效果如图 F.10.5 所示。

图 F.10.5　水保植生毯护岸实景

（左侧为刚施工的状况，右侧为植被长成后的状况）

## F.11　松木桩护岸

F.11.1　松木桩护岸是采用松木制作的木桩加固河岸水下地基，主要依靠桩体的支撑作用和桩间土的挤密作用提高地基承载力，属于复合地基，是一种体现中国古代治水智慧、至今仍然广泛应用的典型生态护岸技术。

F.11.2　松木桩适应地基变形能力好，取材容易，造价较低，施工简便，生态和视觉效果较好。

F.11.3　松木桩护岸应采用松木原木，不得采用其他木材，不宜用于水体具有较强腐蚀性的河道。

F.11.4　松木桩护岸的效果如图 F.11.4 所示。

图 F.11.4　松木桩护岸实景

# 附录 G

## 水 陂 型 式

G.0.1 水陂的主要作用是提高河道的水位用以改变水体的部分水流流向，如灌溉、河道取水、景观需求等。

G.0.2 对于需拆除重建的水陂，宜对其建筑物型式进行研究，既保证防洪要求，又考虑景观功能。典型水陂实景如图 G.0.2 所示。

G.0.3 水陂结构设计时，可在陂身增加拍门、放空管等措施，避免陂前淤积。

图 G.0.2（一）　典型水陂实景

图 G.0.2（二）　典型水陂实景

# 附录 H

# 水环境治理与水生态修复技术

## H.1 人工湿地

H.1.1 在河流治理过程中，应尽量保留天然湿地，对于城市污水处理厂出水或者农村分散式生活污水及禽畜排放废水，可根据土地条件建设人工湿地处理措施。

H.1.2 人工湿地系统的处理规模可根据《室外排水设计规范》（HB 50014）有关规定计算设计水量，人工湿地系统的进水水质要求、植物选择与种植、基质和填料选择以及主要设计参数参照《人工湿地污水处理技术规范》（HJ 2005）。

图 H.1.3 人工湿地实景

H. 1. 3 人工湿地防渗层可采用黏土层、聚乙烯薄膜及其他建筑工程防水材料，设计要求可参照《城市生活垃圾卫生填埋技术规范》（CJJ 17）执行。人工湿地实景如图 H. 1. 3 所示。

## H. 2 生 态 滤 沟

H. 2. 1 对于城镇地表径流污染排放较为严重的河道两岸，可建设生态滤沟措施，拦截和处理地表径流中的污染物。

H. 2. 2 生态滤沟宜沿道路或者河道岸线依原有沟渠建设。用于面源污染截流的生态滤沟建设密度应能满足雨水排放要求和生态拦截需要。生态滤沟应根据实际需要设计断面尺寸、过滤层和透水坝等，具体设计步骤和参数可参考《灌溉与排水工程设计规范》（GB 50288—1999）和《渠道防渗工程技术规范》（SL 18—2004）等标准。生态滤沟断面形式如图 H. 2. 2 所示。

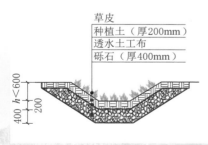

（a）干式植草沟构造示意图

（b）生态滤沟实景图

图 H. 2. 2　生态滤沟断面形式示意图

## H.3 人工生物浮岛

H.3.1 内源污染较为严重，且流速较缓慢的河道或者水域，在不影响行洪的前提下可构建人工生物浮岛措施。人工生物浮岛设计中应根据不同水体、不同季节来选择不同的植物，控制生物浮岛的面积覆盖率不宜超过30%，单体面积宜为 $2\sim5m^2$。浮岛设计主要包括浮岛载体、浮岛固定装置、浮岛植物和填料四部分。

H.3.2 浮岛载体可选择植物根茎载体、有机高分子载体和无机载体，载体选择应满足稳定性、耐久性、经济性、简易性和环境协调性等条件要求。浮岛固定装置应保证浮岛不被水流冲散以及在水位剧烈变动的情况下能够缓冲浮岛之间的相互碰撞。

H.3.3 浮岛植物选择应满足抗逆性强、根系发达、净化能力强、生长周期快、维护便利、景观效果好或具有一定经济价值。

H.3.4 填料的选择应具有吸附性能高、稳定性强、弹性好的陶粒、塑料和纤维等材料。

图 H.3.5 生物浮岛实景

H.3.5 浮床水下固定形式常用的有重量式、锚固式、桩固式等，具体选型视水域地质条件而定。生物浮岛实景如图 H.3.5 所示。

## H.4 跌 水 复 氧

H.4.1 对于溶解氧较低的受污河道，可根据河道断面形态改造或增设跌水曝气断面或设施，向河道水体曝气复氧，增加水体自净能力。跌水复氧实景如图 H.4.1 所示。

图 H.4.1 跌水复氧实景

H.4.2 跌水复氧效果主要受跌水流态和跌水高度影响，跌水流态应保持水幕状，复氧效果随着跌水高度增加而增加，最佳跌水高度可根据水质、水量和处理要求等因素综合考虑，但一般不超过 2.5m。

H.4.3 跌水复氧工程可根据河道地形条件进行改造和工程措施布置，适宜在具有一定坡度的地带建造，利用自然地势落差营造跌水条件，或者通过人工增加水头落差的方式实现，常用的跌水复氧工程有橡胶坝、混凝土滚水堰等水工构筑物，也可结合水陂等构筑物设计参气，主要设计参数可参照相应的水工构筑物设计规范。

H.4.4 在污染较为严重的城市河段，除了采用跌水复氧的方式以外，可以增加曝气机、曝气船等人工复氧装置，增加水体溶解氧的含量，增强水体自净能力。

## H.5 微生物修复

H.5.1 针对清淤难度大、污染严重的黑臭河道经论证后，可向河道临时性补充高效、清洁的降解微生物或微生物促生液等生物制剂，但生物制剂投加不宜作为常用措施。

H.5.2 微生物修复技术主要包括土著微生物培养法和接种微生物法。根据工程实施方法又可以分为原位修复技术和异位修复技术。

H.5.3 原位修复技术就是主要依赖于土著微生物的降解能力处理污染水体，通过向水体中投加营养物质、促生液、电子受体或共代谢基质或增加水体中的溶解氧来激活水体环境中本身就具有降解污染物能力的土著微生物，充分发挥土著微生物对污染物的降解能力，从而达到水体修复的目的。

H.5.4 异位修复技术就是通过投加外源的微生物（如光合细菌 PSB、有效微生物群 EM、东江菌、集中式生物系统 CBS、固定化细菌等）来治理污水，引入菌种主要来源包括从污染水体中富集的土著微生物、从其他自然生态环境中分离的微生物或基因工程菌。

H.5.5 微生物制剂的使用量应根据水体污染物初始浓度和治理目标以及制剂类型进行试验后确定。

# 水生植物选型及种植技术

## I.1 水生植物类型

I.1.1 水生植物分为挺水植物、浮叶植物、漂浮植物和沉水植物。常见水生植物种类及特性见表 I.4-1。

I.1.2 挺水植物包括荷花、碗莲、芦苇、香蒲、茭白、水葱、芦竹、水竹、风车草、菖蒲、蒲苇、美人蕉、鱼腥草、风信子、黄花鸢尾、水芹、梭鱼草、灯芯草、千屈菜、紫芋、花蔺、慈姑和黑三棱等。

I.1.3 浮叶植物包括睡莲、粉绿狐尾藻、萍蓬草、荇菜、菱角、芡实、大萍、浮叶眼子菜、水鳖和小浮莲等。

I.1.4 漂浮植物包括浮萍、槐叶萍、大藻、满江红、狸藻等，避免选择凤眼莲等外来物种。

I.1.5 沉水植物包括金鱼藻、苦草、黑藻、穗花狐尾藻、鸭舌草、菹草、海菜花、水盾草、水车前和马来眼子菜等。

## I.2 选型要求

I.2.1 应选择耐粗放管理及日常养护中裁剪、杂草清除和防治病虫害等管护频率低的植物。

I.2.2 应选择花量大、花期长、花整齐、花色艳丽、造型优美和观赏价值高的植物。

I.2.3 应选择自然生长或通过建植密度、裁剪等人工干预能控制覆盖度的植物。

I.2.4 应选择防污抗污、具有净化水质功能，且对本地生态环境无危害和无侵入性的植物。

## I.3 种植要求

I.3.1 挺水、浮叶、漂浮植物应种植在光照充足的水域，沉水植物种植区应确保每天 3 小时以上的光照时间。

I.3.2 挺水、浮叶植物宜选择肥沃和疏松的土壤，pH值以 6.0～8.5 为宜，种植土厚度不宜小于 30cm，种植前应对土壤进行消毒；沉水植物底泥厚度要求在 20cm 以上，pH 值以 6.0～9.0 为宜，质地以松软、肥力中等以上为佳。

I.3.3 受咸淡水影响的水域，应考虑含盐量对水生植物成活的影响；挺水、浮叶和漂浮植物种植时水体含盐量应控制在 1.5‰ 以下，成活后水体含盐量可放宽至 2.0‰；沉水植物种植时水体含盐量应控制在 1.5‰

以下。

I.3.4 水体氨氮含量偏高的污染水体不宜种植挺水、浮叶及小型漂浮植物，可根据污染程度适当选种大型漂浮植物；沉水植物种植要求水质清洁，水体化学需氧量（高锰酸盐指数）宜小于 15mg/L，水体透明度应大于种植水深的 1/2。

I.3.5 挺水、浮叶植物种植要求水体相对静止或流速低缓，漂浮植物应选择水面相对静止的围合区域种植，沉水植物种植要求中、下层水体流速较小。

I.3.6 挺水、浮叶植物种植以 15℃以上水温为宜，气温低于 5℃时不宜种植；漂浮植物种植时间为春末至秋季；沉水植物播种在春、夏季进行，移植或扦插在生长期均可进行。

I.3.7 挺水、浮叶植物种植以 15℃以上水温为宜，气温低于 5℃时不宜种植；漂浮植物种植时间为春末至秋季；沉水植物播种在春、夏季进行，移植或扦插在生长期均可进行。

## I.4 种 植 方 法

I.4.1 种苗随到随种，若不能及时种植，应先覆盖、假植或浸泡于水中储存。

I.4.2 挺水、浮叶和沉水植物可选择容器种植和直接种植等方法，直接种植可采用容器苗种植和叉植种植形式；漂浮植物种植时应将种苗均匀放置于水体表面，轻拿轻放，确保根系完整、叶苗完好。

附表 I.4－1

**常见水生植物种类及特性**

| 序号 | 生活方式 | 植物名称 | 科 | 属 | 生育期 | | 适宜水深 | | | | 耐寒性 | | | 覆盖性 | | | 观赏价值 | | | |
|---|---|---|---|---|---|---|---|---|---|---|---|---|---|---|---|---|---|---|---|---|
| | | | | | 一、二年生 | 多年生 | ≤20cm | 20~50cm | 50~80cm | ≥80cm | 强 | 中 | 弱 | 强 | 中 | 弱 | 观叶 | 观花 | 观果 | 观姿 |
| 1 | 挺水型 | 金钱蒲 | 菖蒲科 | 菖蒲属 | | √ | √ | √ | | | √ | | | | | √ | √ | √ | | |
| 2 | | 灯芯草 | 灯芯草科 | 灯芯草属 | | √ | √ | | | | | √ | | | √ | | √ | √ | | |
| 3 | | 菰 | 禾本科 | 菰属 | | √ | √ | √ | | | √ | | | √ | | | √ | √ | | |
| 4 | | 芦苇 | 禾本科 | 芦苇属 | | √ | | | √ | √ | √ | | | | √ | | | √ | | √ |
| 5 | | 花叶芦竹 | 禾本科 | 芦竹属 | | √ | √ | | | | | | √ | | | | √ | | | |
| 6 | | 黑三棱 | 黑三棱科 | 黑三棱属 | | √ | √ | | | | | | √ | | √ | | √ | √ | | |
| 7 | | 黄花蔺 | 花蔺科 | 黄花蔺属 | | √ | | √ | | | √ | | | | | √ | | √ | | |
| 8 | | 花蔺 | 花蔺科 | 花蔺属 | √ | | √ | | | | √ | | | | | √ | | √ | | |
| 9 | | 红蓼 | 蓼科 | 蓼属 | √ | | √ | | | | √ | | | √ | | | √ | √ | | |
| 10 | | 水蓼 | 蓼科 | 蓼属 | √ | | √ | | | | √ | | | √ | | | | √ | | √ |
| 11 | | 丁香蓼 | 柳叶菜科 | 丁香蓼属 | √ | | | √ | | | √ | | | | √ | | √ | √ | | √ |
| 12 | | 水生美人蕉 | 美人蕉科 | 美人蕉属 | | √ | | √ | | | | | √ | | | √ | √ | √ | | |

续表

| 序号 | 生活方式 | 植物名称 | 科 | 属 | 生育期 | | 适宜水深 | | | | 耐寒性 | | | 覆盖性 | | | 观赏价值 | | | |
|---|---|---|---|---|---|---|---|---|---|---|---|---|---|---|---|---|---|---|---|---|
| | | | | | 一、二年生 | 多年生 | ≤20cm | 20~50cm | 50~80cm | ≥80cm | 强 | 中 | 弱 | 强 | 中 | 弱 | 观叶 | 观花 | 观果 | 观姿 |
| 13 | 挺水型 | 千屈菜 | 千屈菜科 | 千屈菜属 | | √ | √ | √ | | | √ | | | | | | | √ | | √ |
| 14 | | 花叶鱼腥草 | 三白草科 | 蕺菜属 | | √ | √ | √ | | | | √ | | | | | √ | | | |
| 15 | | 鱼腥草 | 三白草科 | 蕺菜属 | | √ | √ | | | | | √ | | | | | √ | √ | | |
| 16 | | 泽芹 | 伞形科 | 泽芹属 | | √ | √ | √ | | | √ | | | | | | √ | √ | | |
| 17 | | 水芹 | 伞形科 | 水芹菜属 | | √ | √ | | | | | √ | | | | | √ | √ | | |
| 18 | | 水葱 | 莎草科 | 藨草属 | | √ | √ | √ | | | | | √ | √ | | | √ | | | |
| 19 | | 莎草 | 莎草科 | 莎草属 | | √ | √ | | | | | | | | | | √ | | | √ |
| 20 | | 旱伞草（水竹） | 莎草科 | 莎草属 | | √ | √ | √ | | | √ | | | | √ | | √ | √ | | √ |
| 21 | | 水莎草 | 莎草科 | 莎草属 | | √ | √ | √ | | | | √ | | √ | | | √ | √ | | |
| 22 | | 中华水韭 | 水韭科 | 水韭属 | | √ | √ | | | | | | | | √ | | √ | | | |
| 23 | | 水蕨 | 水蕨科 | 水蕨属 | √ | | √ | | | | | | √ | | | √ | √ | | | |

续表

| 序号 | 生活方式 | 植物名称 | 科 | 属 | 生育期 | | 适宜水深 | | | | 耐寒性 | | | 覆盖性 | | | 观赏价值 | | | |
|---|---|---|---|---|---|---|---|---|---|---|---|---|---|---|---|---|---|---|---|---|
| | | | | | 一、二年生 | 多年生 | ≤20cm | 20~50cm | 50~80cm | ≥80cm | 强 | 中 | 弱 | 强 | 中 | 弱 | 观叶 | 观花 | 观果 | 观姿 |
| 24 | 挺水型 | 荷花 | 睡莲科 | 莲属 | | √ | | | √ | | √ | | | √ | | | √ | | √ | √ |
| 25 | | 菖蒲（水菖蒲） | 天南星科 | 菖蒲属 | | √ | √ | | | | | √ | | √ | | | √ | √ | √ | |
| 26 | | 石菖蒲 | 天南星科 | 菖蒲属 | | √ | √ | | | | | √ | | √ | | | √ | √ | | |
| 27 | | 海芋（山芋） | 天南星科 | 海芋属 | | √ | √ | | | | | | √ | | √ | | √ | √ | | |
| 28 | | 芋 | 天南星科 | 芋属 | | √ | √ | | | | | | √ | | | | √ | | | √ |
| 29 | | 香蒲 | 香蒲科 | 香蒲属 | | √ | √ | | | | | | √ | √ | | | √ | √ | | √ |
| 30 | | 小香蒲 | 香蒲科 | 香蒲属 | | √ | √ | | | | | | √ | | | | √ | √ | | |
| 31 | | 梭鱼草 | 雨久花科 | 梭鱼草属 | | √ | √ | | | | | √ | | | √ | | √ | √ | √ | √ |
| 32 | | 雨久花 | 雨久花科 | 雨久花属 | √ | | √ | | | | | √ | | | √ | | √ | √ | | √ |
| 33 | | 鸭舌草 | 雨久花科 | 雨久花属 | √ | | √ | | | | | √ | | | | √ | √ | √ | | √ |

138

续表

| 序号 | 生活方式 | 植物名称 | 科 | 属 | 生育期 一、二年生 | 生育期 多年生 | 适宜水深 ≤20cm | 适宜水深 20~50cm | 适宜水深 50~80cm | 适宜水深 ≥80cm | 耐寒性 强 | 耐寒性 中 | 耐寒性 弱 | 覆盖性 强 | 覆盖性 中 | 覆盖性 弱 | 观叶 | 观花 | 观果 | 观姿 |
|---|---|---|---|---|---|---|---|---|---|---|---|---|---|---|---|---|---|---|---|---|
| 34 | 挺水型 | 黄花鸢尾（黄菖蒲） | 鸢尾科 | 鸢尾属 |  | √ | √ |  |  |  | √ |  |  |  |  |  | √ | √ |  |  |
| 35 | 挺水型 | 花菖蒲（玉蝉花） | 鸢尾科 | 鸢尾属 |  | √ | √ |  |  |  | √ |  |  |  |  |  | √ | √ |  | √ |
| 36 | 挺水型 | 溪荪 | 鸢尾科 | 鸢尾属 |  | √ | √ |  |  |  | √ |  |  |  |  |  | √ | √ |  |  |
| 37 | 挺水型 | 慈姑 | 泽泻科 | 慈姑属 |  | √ |  | √ |  |  |  | √ |  |  |  |  | √ | √ |  |  |
| 38 | 挺水型 | 东方泽泻 | 泽泻科 | 泽泻属 |  | √ |  | √ |  |  | √ |  |  |  |  |  | √ | √ |  | √ |
| 39 | 浮叶型 | 莼菜 | 莼菜科 | 莼菜属 |  | √ |  |  | √ |  | √ |  |  |  | √ |  | √ | √ |  |  |
| 40 | 浮叶型 | 茶菱 | 胡麻科 | 茶菱属 |  | √ | √ | √ |  |  | √ |  |  |  |  |  | √ | √ |  |  |
| 41 | 浮叶型 | 两栖蓼 | 蓼科 | 蓼属 |  | √ | √ | √ |  |  |  |  |  |  |  |  | √ | √ |  |  |
| 42 | 浮叶型 | 菱 | 菱科 | 菱属 | √ |  |  | √ | √ |  |  | √ |  |  | √ |  | √ |  |  | √ |
| 43 | 浮叶型 | 红菱 | 菱科 | 菱属 | √ |  |  | √ | √ |  |  |  | √ |  |  | √ | √ | √ |  |  |

**139**

续表

| 序号 | 生活方式 | 植物名称 | 科 | 属 | 生育期 | | 适宜水深 | | | | 耐寒性 | | | 覆盖性 | | | 观赏价值 | | | |
|---|---|---|---|---|---|---|---|---|---|---|---|---|---|---|---|---|---|---|---|---|
| | | | | | 一、二年生 | 多年生 | ≤20cm | 20~50cm | 50~80cm | ≥80cm | 强 | 中 | 弱 | 强 | 中 | 弱 | 观姿 | 观果 | 观花 | 观叶 |
| 44 | 浮叶型 | 乌菱 | 菱科 | 菱属 | √ | | | | | √ | | | | √ | | | | √ | | √ |
| 45 | | 东北菱 | 菱科 | 菱属 | √ | | | √ | √ | | | √ | | √ | | | √ | √ | √ | √ |
| 46 | | 荇菜 | 睡菜科 | 荇菜属 | | √ | | √ | √ | | | | | | | | | | √ | √ |
| 47 | | 水皮莲 | 龙胆科 | 荇菜属 | | √ | √ | √ | | | | | | | | | | | √ | √ |
| 48 | | 田字萍 | 萍科 | 萍属 | | √ | √ | | | | | √ | | | | | | | | √ |
| 49 | | 轮叶石胡荽 | 伞形科 | 天胡荽属 | | √ | √ | √ | √ | | | √ | | √ | | | | | | √ |
| 50 | | 水鳖 | 水鳖科 | 水鳖属 | | √ | | | | √ | | | | | √ | | | | √ | √ |
| 51 | | 萍蓬草 | 睡莲科 | 萍蓬草属 | | √ | √ | √ | √ | | | | | | | | | | √ | √ |
| 52 | | 芡实 | 睡莲科 | 芡属 | | √ | √ | √ | | √ | | | | √ | | | | √ | √ | √ |
| 53 | | 睡莲 | 睡莲科 | 睡莲属 | | √ | | | | | | | | | | | | | √ | √ |
| 54 | | 王莲 | 睡莲科 | 王莲属 | | √ | | | | √ | √ | | | √ | | | | | √ | √ |
| 55 | | 蕹菜 | 旋花科 | 番薯属 | √ | | √ | | | | √ | | | | √ | | | | √ | √ |

续表

| 序号 | 生活方式 | 植物名称 | 科 | 属 | 生育期 | | 适宜水深 | | | | 耐寒性 | | | 覆盖性 | | | 观赏价值 | | | |
|---|---|---|---|---|---|---|---|---|---|---|---|---|---|---|---|---|---|---|---|---|
| | | | | | 一、二年生 | 多年生 | ≤20cm | 20~50cm | 50~80cm | ≥80cm | 强 | 中 | 弱 | 强 | 中 | 弱 | 观叶 | 观花 | 观果 | 观姿 |
| 56 | 浮叶型 | 眼子菜 | 眼子菜科 | 眼子菜属 | | √ | √ | √ | √ | | √ | | | √ | | | √ | √ | | |
| 57 | 浮叶型 | 浮叶眼子菜 | 眼子菜科 | 眼子菜属 | | √ | √ | √ | √ | | √ | | | √ | | | √ | √ | | |
| 58 | | 金鱼藻 | 金鱼藻科 | 金鱼藻属 | | √ | | √ | | | | √ | | | √ | | √ | | | |
| 59 | | 菹草 | 眼子菜科 | 眼子菜属 | | √ | | | | √ | | | | | | | √ | | | |
| 60 | | 苦草 | 水鳖科 | 苦草属 | | √ | | √ | | | | | | | | | √ | | | |
| 61 | 沉水型 | 黑藻 | 水鳖科 | 黑藻属 | | √ | | | | | | | | | | | √ | | | |
| 62 | | 水车前 | 水鳖科 | 水车前属 | √ | | √ | | | | | | | | | | √ | √ | | |
| 63 | | 杉叶藻 | 杉叶藻科 | 杉叶藻属 | | √ | | √ | | | | | | | √ | | √ | | | |
| 64 | | 香菇草 | 伞形科 | 天胡荽属 | | √ | | √ | | | | | | | | √ | √ | | | |
| 65 | | 狐尾藻 | 小二仙草科 | 狐尾藻属 | | √ | | | | √ | | | √ | | | | | √ | | |
| 66 | | 穗花狐尾藻 | 小二仙草科 | 狐尾藻属 | | √ | | √ | | | | √ | | √ | | | | √ | | |

**141**

续表

| 序号 | 生活方式 | 植物名称 | 科 | 属 | 生育期 | | 适宜水深 | | | | 耐寒性 | | | 覆盖性 | | | 观赏价值 | | | |
|---|---|---|---|---|---|---|---|---|---|---|---|---|---|---|---|---|---|---|---|---|
| | | | | | 一、二年生 | 多年生 | ≤20cm | 20~50cm | 50~80cm | ≥80cm | 强 | 中 | 弱 | 强 | 中 | 弱 | 观叶 | 观花 | 观果 | 观姿 |
| 67 | 沉水型 | 小眼子菜 | 眼子菜科 | 眼子菜属 | | √ | | √ | √ | √ | √ | | | | | | √ | | √ | |
| 68 | | 微齿眼子菜 | 眼子菜科 | 眼子菜属 | | √ | | √ | √ | | √ | | | | | | √ | | | |
| 69 | | 篦齿眼子菜 | 眼子菜科 | 眼子菜属 | | √ | | √ | √ | √ | √ | | | | | | √ | | | |
| 70 | | 小茨藻 | 茨藻科 | 茨藻属 | √ | | | √ | √ | | √ | | | | | | √ | | | |
| 71 | | 大茨藻 | 茨藻科 | 茨藻属 | √ | | | √ | √ | | √ | | | | | | √ | | | |
| 72 | 漂浮型 | 槐叶萍 | 槐叶萍科 | 槐叶萍属 | | √ | | √ | √ | √ | | √ | | √ | | | √ | | | |
| 73 | | 大漂 | 天南星科 | 大漂属 | | √ | | √ | √ | √ | | √ | | √ | | | √ | | | |
| 74 | | 紫萍 | 浮萍科 | 紫萍属 | | √ | | √ | √ | √ | | | √ | √ | | | √ | √ | | |
| 75 | | 浮萍 | 浮萍科 | 浮萍属 | | √ | | √ | √ | √ | | | √ | √ | | | √ | | | |
| 76 | | 满江红 | 满江红科 | 满江红属 | | √ | | √ | √ | √ | | √ | | | √ | | √ | | | |
| 77 | | 狸藻 | 狸藻科 | 狸藻属 | | √ | | √ | √ | √ | | √ | | | √ | | √ | √ | | |

I.4.3　为了保证水生植物的存活率和快速生长，挺水、浮叶植物种植时应随时调节水位，遵循由浅入深的原则，河流水面种植时，可适当降低水位，随植物的生长逐渐提高水位；漂浮植物水位宜控制在 10cm 以上；沉水植物生长水深与透明度比例应控制在 2：1 以下；常见水生植物的适宜水深及特性见附表 I.4-1。

I.4.4　为了减少鱼类觅食、船行波对植物及土壤的影响，在水生植物种植时，宜采取隔离围栏等保护措施。

I.4.5　种植密度应根据种苗规格、质量和设计要求综合确定，常用水生植物种植密度可参考园林绿化定额等相关设计规范。

# 附录 J

## 滨水步道建设技术

## J.1 基本规定

J.1.1 滨水步道包括步行道、自行车道、跑步道三种类型，步行道必须设置，自行车道及跑步道应结合使用人群分布、可建地形地貌条件、生态环境以及功能需求进行布置。

J.1.2 滨水步道应着重生态性，避免破坏生态环境，并符合以下规定：

**1** 滨水步道工程应保护河流、山体、林地等自然生态环境和文物古迹，严禁破坏沿线地形地貌、河流水体和自然林地等。

**2** 滨水步道建设范围内原有树木宜保留利用，确需砍伐、移栽的需按国家相关规定执行，严格保护古树名木。

J.1.3 滨水步道应保障安全性，工程防灾标准应符合以下规定：

**1** 滨水步道抗震标准应按照国家规定进行设防。

**2** 滨水步道防洪标准应结合当地防洪标准，并复核排洪、泄洪和救援需求确定。

**3** 滨水步道工程应避开滑坡、地面沉降等自然灾害易发区和不良地质地带；不能避开时，应采取相应工程及管理措施，保证滨水步道安全。

**J.1.4** 滨水步道应突出景观性，尊重和保护峡、湾、沱、浩、坝、嘴、滩、半岛、江心绿岛等滨水特色景观区域，突出生态绿色展示功能。

**J.1.5** 滨水步道应保证贯通性，应与江岸腹地及对岸相通，部分地形限制地段可借用滨水步道连接线，有条件地段宜布置亲水步道。

**J.1.6** 滨水步道应注重经济性，贯通利用现有滨水步道，有机串联已有绿地广场等滨水公共空间。

## J.2 平面设计

**J.2.1** 滨水步道宽度应符合表 J.2.1 的规定。滨水步道断面如图 J.2.1 所示。

表 J.2.1　　　　　　　滨水步道宽度一览表

| 步行道 | 自行车道 | 跑步道 |
|---|---|---|
| 不应小于 2 m | 单向通行不应小于 1.5m，双向通行不应小于 2.5m | 宜为 3~4.5m，不应小于 2m |

**J.2.2** 自行车道单段长度不宜小于 1km，并与其他类型步道作物理隔离。自行车道与其他交通方式相交处应设置标识牌及隔离装置。滨水步道效果图如图 J.2.2 所示。

图 J.2.1　滨水步道断面示意图（尺寸单位：mm）

**J.2.3**　自行车道转弯半径不宜小于 10m，不应小于 5m。转弯半径小于 10m 时，弯道内侧应加宽 0.5～1m。

**J.2.4**　滨水步道连接线不宜过长，累计长度不超过滨水步道总长度的 10%，单段长度不宜超过 1km，连接处应有标识及线路引导。

**J.2.5**　当滨水步道入口大于 2.0m 时，应设置阻车桩，阻止机动车驶入滨水步道。

图 J.2.2　滨水步道效果图

## J.3 竖 向 设 计

J.3.1　滨水步道标高宜结合周边城市道路标高、水位变化情况、周围市政管线接口标高等因素确定；宜结合地形形成多层次步道体系，丰富滨水岸线景观，满足不同季节亲水需求。

J.3.2　滨水步道纵坡宜与现状地形结合，横坡宜坡向江面。不同类型的步道，其坡度应符合表 J.3.2 的规定。

表 J.3.2　　　　滨水步道坡度一览表

| 步道功能 | 纵坡坡度 | 横坡坡度 |
|---|---|---|
| 步行道 | 2.5%为宜，不宜大于 12%，当大于 8%时，应辅以梯步解决竖向交通 | 宜为 2%，不应大于 4% |
| 自行车道 | 2.5%为宜，不宜大于 8% | 宜为 2%，不应大于 4% |
| 跑步道 | 2.5%为宜，不宜大于 8% | 宜为 2%，不应大于 4% |

J.3.3　自行车道纵坡大于等于 2.5%时，纵坡最大坡长应符合表 J.3.3 的规定。

表 J.3.3　　　自行车道纵坡最大坡长一览表

| 纵坡/% | 3.5 | 3.0 | 2.5 |
|---|---|---|---|
| 最大坡长/m | 150 | 200 | 300 |

J.3.4　滨水步道设置台阶处，应同时设置轮椅坡道，净宽度不应小于 1m，起点、终点和中间休息平台的水

平长度不应小于 1.5m，最大高度和水平长度应符合表 J.3.4 的规定。

**表 J.3.4　　轮椅坡道的最大高度和水平长度**

| 坡度 | 1：20 | 1：16 | 1：12 | 1：10 | 1：8 |
|---|---|---|---|---|---|
| 最大高度/m | 1.2 | 0.9 | 0.75 | 0.6 | 0.3 |
| 水平长度/m | 24 | 14.4 | 9 | 6 | 2.4 |

J.3.5　滨水步道高差较大处宜根据地形条件及游人通行量设置自动扶梯或垂直升降梯。

## J.4　步道节点

J.4.1　滨水步道应结合地形地貌、文化点及滨水景观点设置步道节点，具有观景、休憩、文化展示等功能，形成滨水综合活动空间。滨水步道节点设置如图 J.4.1 所示。

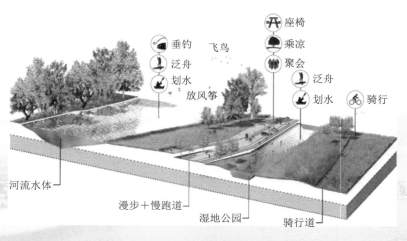

图 J.4.1　滨水步道节点设置示意图

J.4.2 滨水步道节点间距不宜大于 500m，鼓励小规模多点设置。

J.4.3 滨水步道节点规模根据功能及用地条件确定，并符合以下规定：

**1** 城市广场不宜大于 10000m²，特殊区域应做专题研究分析确定规模。

**2** 小型广场规模宜为 200～1000m²，满足社交、休憩、活动、观景的需求。

**3** 观景平台规模宜为 100～200m²，满足休憩、等候、观景的需求。

**4** 小型观景点规模不宜小于 30m²，满足观景的需求。

**5** 运动场地、儿童游乐场、老年人活动场地应根据运动和设施的要求确定场地尺寸，场地内应设置饮水点、休憩设施以及相应安全防护设施。

J.4.4 滨水步道节点可局部增加悬挑平台，扩大观景面，提供良好视野。

J.4.5 有条件的滨水步道节点宜设置户外多功能活动场地，满足儿童、青年和中老人年等不同类型人群的健身运动需求。

## J.5 铺装与基础

J.5.1 滨水步道铺装在满足安全、舒适、耐久的基础上，宜采用生态、经济的本地材料。铺装材料选择主要取决于其主要功能与类型，此外，要保证所选材料能与区域道路及其周围自然环境相协调，并能代表地域特色或文化特征。

J.5.2 滨水步道铺装材料主要有沥青、混凝土、砖材、石材、木材、砂石、塑胶等，包括透水铺装和不透水铺装两类，铺装材料宜为透水防滑材料。

J.5.3 步道铺装分为一般性铺装与特色性铺装：

**1** 一般性铺装宜以透水沥青混凝土为主，应考虑防滑、排水等性能。

**2** 重点路段可采取碎石、木质等特色性铺装，应与一般性铺装协调。

**3** 易被淹没的亲水步道铺装应使用耐水性材质。

**4** 一般性铺装以深色为主，部分路段根据需要增加彩色铺装。

J.5.4 停车场宜采用生态铺装或自然地面，残疾人使用的停车场应铺设硬质地面。

J.5.5 滨水步道的路面铺装在满足使用强度的基础上，鼓励采用环保生态自然材料，多采用软性铺装。

J.5.6 滨水步道基础应结合沿线的地形地质、水文气象及铺装材料等条件，确定结构，并符合以下规定：

**1** 对湿陷性黄土、膨胀土、软土流沙等地基应采取必要的处理。

**2** 冰冻地区潮湿路段及其他地区的过分潮湿路段不宜直接铺筑石灰土基层。如需要应用，应在其下设置隔水垫层。在地下水位较高的地区应采用级配碎、砾石垫层。

**3** 透水铺装面材下的土基应具有渗透性能，土壤渗

透系数不应小于 $1.0 \times 10^{-3}$ mm/s，且渗透面距地下水位应大于1m，在渗透系数小于 $1.0 \times 10^{-5}$ mm/s 或膨胀土等不良土基、水源保护区，不宜修建透水铺装路面。

## J.6 景观植被

J.6.1　滨水步道景观的规划建设应遵循"生态优先、保护生物多样性、因地制宜、适地适树"的原则，不宜进行大规模的绿化改造，最大限度地保护、合理利用场地内现有的自然和人工植被，注重乡土植物的开发利用，维护区域内生态系统的健康与稳定，注重突出植物群落的景观价值。滨水步道景观植被如图J.6.1所示。

图 J.6.1　滨水步道景观植被示意图

J.6.2　滨水步道景观设计应符合高、中、低相结合的原则，"低"为亲水，"中"为主要步行区域，"高"为可登高远望的地标，应考虑两岸的相互对景关系以及各种视角的景观效果。

J.6.3 植物种类的选择以地带性植物为主，创造出生物及景观多样性丰富的生态空间，同时应与周边的植物景观相融合。植物配置宜符合下列规定：

**1** 植物配置应兼顾生态、景观、遮阴、交通安全等需求。

**2** 优先选用生态效益高、适应性强、景观好、低造价、低维护的乡土植物；对场地内受破坏的地带性植被群落，应采用生态修复等技术手段，以地带性植物为主，恢复具地域特色的植物群落，并防止外来物种入侵。滨水应采用亲水性植物。

**3** 严禁选用危及游人生命安全的有毒植物，不宜选用枝叶有硬刺或枝叶形状呈尖硬剑状、刺状等的植物。

**4** 植物配置宜形成季相变化，应选择常绿与落叶、速生与慢长植物，合理配置。

**5** 植物配置宜注重步道景观连续性和节奏感。

**6** 绿化带内古树名木、珍稀植物应全部原地保留，并妥善保护。

J.6.4 滨水步道的植物设计应符合步道出入口、步道节点以及步道临近处等功能区环境要求，植物配置疏密有致、开合有度，并符合下列规定：

**1** 步道出入口和交通衔接处两侧 15m 范围内应采取通透式种植。

**2** 步道转弯处应保证任意 15m 视距内视线通透。

**3** 视线通透区内的乔木枝条不应低于 2.2m，灌木高度不应高于 0.6m。

**4** 乔木宜选用高大荫浓的种类，遮阴乔木枝下净空应大于 2.5m。

## J.7 步道标识

**J.7.1** 滨水步道标识分为综合标识、指示标识、警示标识、解说标识、命名标识五大类，并符合表 J.7.1 的规定。滨水步道标识如图 J.7.1 所示。

表 J.7.1 滨水步道标识设置一览表

| 标识类型 | | 标识内容 | 设置位置 |
|---|---|---|---|
| 综合标识 | 导游全景图 | 全景地图、使用者位置、文字介绍、游客须知、景点信息、服务设施信息及服务管理部门电话等 | 步道主要出入口、大型步道节点、一级驿站必须设置，其余地点视需要设置 |
| 指示标识 | 导向标识 | 目的地方向、距离等 | 步道节点、驿站、步道出入口、岔路口必须设置，其余地点视需要设置 |
| | 关怀标识 | 运动趣味标识、滨水岸线里程、消耗时间、能量提示等 | 视需要设置 |
| 警示标识 | 公益提示 | 宣传标语等，以环保、道德提示为主 | 视需要设置 |
| | 友情提示 | 设施使用说明、安全注意事项等 | 结合步道节点、驿站等重要区域设置 |
| | 安全警示 | 危险范围、禁止事项、汛期时段及安全水位线等 | 水步道出入口、支流入江口及其他危险地点必须设置，其余地点视需要设置 |

续表

| 标识类型 | | 标识内容 | 设置位置 |
|---|---|---|---|
| 解说标识 | 景点介绍 | 景点名称、历史背景、文化特征等 | 结合景观点及文化点设置 |
| | 生境介绍 | 生物种群特征、地域环境等 | 视需要设置 |
| 命名标识 | | 地名、道路名、景点名、建筑名等 | 视需要设置 |

图 J.7.1 滨水步道标识示意图

J.7.2 指示标识应在指示的服务设施 1km 范围内,以 200～500m 为间距提前设置,警示标识应在不小于需提醒使用者注意事项 5m 处设置。

J.7.3 标识的位置应醒目,且不对行人交通及景观环境造成妨碍和破坏。

J.7.4 标识标牌信息登载位置应考虑游人的视觉舒适范围,垂直高度在 1～4m 为宜。运动标志、滨水岸线里程等趣味性关怀标识可结合景观设计采用彩色地面引导线等方式。

J.7.5 标识设计宜结合滨水自然、历史文化等本土特色，并与周边环境相协调。

J.7.6 标识材料应节能环保、经久耐用、方便维修，宜选用木材、石材等地方性材料。

J.7.7 标识内容应清晰、简洁；当同一地点设置两种及以上标识时，内容不应矛盾、重复，标识可合并安装。

J.7.8 综合标识应有包括英文在内 3 种及以上外文对照，其他标识应有中英文对照；应保证中外文对照的准确性。

## J.8 服务设施

J.8.1 滨水步道服务设施包含管理服务设施、配套商业设施、游憩健身设施、科普教育设施、安全保障设施、环境卫生设施，如图 J.8.1 所示。

J.8.2 滨水步道驿站是步道服务设施的主要载体，分为三级，并符合以下规定：

**1** 一级驿站为滨水步道服务中心，承担管理、综合服务、旅游接待等功能。

**2** 二级驿站为滨水步道服务站，承担承担售卖、租赁、休憩和解说展示等功能。

**3** 三级驿站为滨水步道休憩站，承担休憩、观景等功能。

图 J.8.1　滨水步道服务设施示意图

J.8.3　滨水步道应根据步道功能与区位，设置不同等级驿站，并符合以下规定：

　　1　滨水步道驿站基本功能设施设置应符合表 J.8.3-1 的规定。

表 J.8.3-1　　滨水步道驿站基本功能设施设置一览表

| 设施类型 | 项目 | 一级驿站 | 二级驿站 | 三级驿站 |
|---|---|---|---|---|
| 管理服务设施 | 管理中心 | ● | — | — |
| | 游客服务中心 | ● | — | — |
| 配套商业设施 | 售卖点 | ● | ○ | — |
| | 自行车租赁点 | ○ | ○ | — |
| 游憩健身设施 | 活动场地 | ● | ○ | ○ |
| | 休憩点 | ● | ● | ● |
| | 滨水观景点 | ● | ● | ○ |

| 设施类型 | 项目 | 一级驿站 | 二级驿站 | 三级驿站 |
|---|---|---|---|---|
| 科普教育设施 | 解说设施 | ● | ○ | ○ |
| | 展示设施 | ● | ○ | ○ |
| 安全保障设施 | 治安消防点 | ● | ● | — |
| | 医疗急救点 | ● | ○ | — |
| | 安全防护设施 | ● | ● | ● |
| | 无障碍设施 | ● | ● | ● |
| | 滨水救援点 | ● | ● | ● |
| 环境卫生设施 | 公厕 | ● | ● | ○ |
| | 垃圾箱 | ● | ● | ● |

注：●必须设置；○可以设置或结合现有功能建筑使用；—不做要求。

**2** 滨水步道驿站布局位置和间隔宜符合表 J.8.3 - 2 的规定。

表 J.8.3 - 2 滨水步道驿站布局一览表

| 驿站等级 | 一级驿站 | 二级驿站 | 三级驿站 |
|---|---|---|---|
| 设置地点 | 结合大型公园、广场、大型文化点与景观点 | 结合滨水景观点与文化点 | 根据功能需要灵活设置 |
| 间距 | 2～4km | 1～2km | 0.5～1km |

**3** 滨水步道驿站应优先利用现状建筑，若无可利用建筑，可新建驿站。驿站规模宜符合表 J.8.3 - 3 的规定。

**4** 滨水步道驿站风貌应与滨水岸线整体景观协调，体现滨水地域文化特色；宜选用经济生态的地方传统材料。

表 J.8.3-3　　　滨水步道驿站建筑面积一览表

| 驿站等级 | 一级驿站 | 二级驿站 | 三级驿站 |
|---|---|---|---|
| 建筑面积 | $100\sim150m^2$ | $50\sim100m^2$ | $<50m^2$ |

**5** 滨水步道驿站设计标高应结合景观与功能需求，应位于警戒水位 50cm 以上。

**J.8.4** 滨水步道照明应根据其所处区段的人群聚集程度及景观设施形象，结合地形地貌确定方案，着重强调滨水层次感、韵律感，做到主次分明，远近结合，明暗过渡合理，与周围环境协调，严控用灯量、总功率与功率密度值，并符合以下规定：

**1** 岸线较长的滨水步道，应根据其路段特征及人群聚集特点，确定主视点及照明重点。

**2** 重点照明路段应对既有景观设施如构筑物、雕塑、形态优美的植物等采用泛光、投光、点缀照明相结合的手法进行照明。

**3** 非重点照明路段，宜进行简洁、弱化处理，但需保证关键景观元素、步道节点和任何有危险的区域得到照明。

**4** 滨水步道照明应避对行人、周围环境及生态产生不利影响。

**J.8.5** 滨水步道的照明标准应符合以下规定：

**1** 照明光色以黄光、白光为主，光源色温宜在 $2700\sim6500K$ 范围间。

**2** 滨水步道路面平均照度宜为 $5\sim10lx$，最小照度宜为 $1\sim2lx$，最小垂直照度宜为 $1.5\sim3lx$。

**3** 滨水步道其他各区域照度标准值应符合表 J.8.5 的规定。

表 J.8.5    滨水步道绿地、节点及主要
出入口的照度标准值

| 照明场所 | 绿地 | 步道节点 | | | 主要出入口 |
|---|---|---|---|---|---|
| | | 广场 | 观景平台 | 健身设施区 | |
| 水平照度 /lx | ≤3 | 5～10 | 5 | 10 | 20～30 |

J.8.6    滨水步道休息点宜采用港湾式布局,座椅设置间距不宜大于 100m。

J.8.7    垃圾箱的设置应与游人分布密度相适应,并应设计在人流集中场地的边缘、主要人行道路边缘及公用休息座椅附近,并符合以下规定:

**1** 垃圾箱设置间距宜为 100～200m。

**2** 垃圾箱宜采用有明确标识的分类垃圾箱,材质宜选用生态环保材料。

J.8.8    公厕宜结合驿站、步道节点设置,并符合以下规定:

**1** 公厕设置间距宜为 500～1000m。

**2** 可根据实际需求设置流动厕所。